誕生於法國

焦糖堅果・果仁糖

青山 翠

Pralines

出版菊文化

堅果與焦糖
在法國相遇製成的糕點

來自波爾多森林的恩賜

　　"Pralines"是指將杏仁果或榛果等堅果表面焦糖化（Caramelize）的成品。在法國，長久以來更是大家熟悉的一種糖果（Confiserie）。可能你腦海中會浮現以德語發音的"Pralines"，或是混合了巧克力與帕林內，製成行銷全球的抹醬，也稱為"Pralines"。但在法國，"Pralines"就是將單顆堅果焦糖化的糖果－焦糖堅果。將焦糖堅果搗碎就稱作果仁糖（Pralin），製作成糊狀就是帕林內（Praliné）。焦糖堅果風味非常受歡迎，果仁糖（Pralin）和帕林內（Praliné）也是法國糕點的主要製作材料之一。

　　提到法國糕點中不可或缺的堅果，非杏仁果莫屬了，杏仁果樹偏好地中海型氣候，所以在普羅旺斯僅少量栽植，但核桃或榛果樹遍布法國各地。我居住的波爾多郊外，野生的核桃或榛果樹更是每戶住家庭院、山間到處可見。散步步道去年之前都還沒看見的細小樹苗也迅速生長，還可以看到上面長出了核桃或榛果的新葉，這些都是松鼠們的傑作。隱藏在秋天落葉之下的是新芽。在

撰寫這篇文稿的現在，窗外的榛果樹也結實纍纍的搖晃著，果殼就像雨點般紛紛落下，松鼠們正專心地啃食著成熟的果實。每年一次吃到飽的大好時機，即使是平常警戒心超強的松鼠，到了這個時期也無暇察覺隱藏在窗簾一角瞄準牠們的照相機。

　　這裡的生活，在親自敲開堅果殼、摘採森林裡的莓果、使用附近剛產下的雞蛋製作糕點之後，讓我對食材有了不一樣的想法。不再會因為，啊～失敗了！就輕易地丟棄，而是會在口中叨唸著對不起...，並把食材放在庭院裡的桌上，隔天早上就會自然消失。對森林裡的動物來說，堅果是十分重要的生存糧食。分取部分大自然的恩賜，裹上焦糖地做成焦糖堅果，變化成風味深刻的糖果，對這顆小小的堅果，衍生出充滿感謝的心情。這本來自「堅果森林」的食譜配方，將森林的氣息傳遞到遙遠日本的廚房，若能對您日常製作糕點有所幫助，森林裡的同伴們也會倍感開心。

牛軋糖

果仁糖

焦糖堅果

帕林內

核桃軟焦糖

牛軋汀

焦糖堅果的同伴們

焦糖堅果
Pralines

以硬脆焦糖包覆堅果的成品。
在熱糖漿中加入堅果後再持續
加熱，使其結晶化、焦糖化後
完成，可以用深鍋或平底鍋嘗
試製作看看。

果仁糖
Pralin

將焦糖堅果製成粒狀或粉狀的
成品。可以撒在優格上搭配享
用，或用於糕點製作。本書中，
以碎堅果更方便製作。

帕林內
Praliné

將果仁糖碾磨成為膏狀的成品。
本書中，使用家庭用食物調理機
將基本的果仁糖製作成 Praliné
Maison（家庭自製帕林內）。

牛軋糖
Nougat

糖漿中添加蜂蜜、水麥芽使其
焦糖化後，凝固堅果製成的硬
脆點心。依各種不同配方，也
可以添加奶油或鮮奶油等。

核桃軟焦糖
Caramel fondant aux noix

水份（鮮奶油）的比例較高，製
作出柔軟的焦糖，添加堅果製
成。直接享用就足夠美味了，但
在此介紹變化配方比例就能製作
出不同於牛軋糖的糕點食譜。

牛軋汀
Nougatine

與牛軋糖同樣的，是以焦糖固
定堅果，但添加的是薄片等細
碎的堅果，趁熱時擀壓成板狀，
也能做為糕點材料或裝飾。

I

焦 糖 堅 果
Les Pralines

焦糖堅果，據說是十七世紀時，由法國高官普拉蘭（Praslin）的廚師－克萊門特‧賈魯佐（Clément Jaluzot）所製作。當時，以「賈魯佐的焦糖堅果 Praslines Jaluzot」之名廣受歡迎。這款原創的焦糖堅果，在克萊門特歸隱的蒙塔日（Montargis）糖果老店「Maison Mazet」內，裝在典雅的罐子裡，連同魅力十足的糖果、巧克力…等至今仍有販售。焦糖堅果的人氣遍及法國各地，在波爾多的梅多克（Médoc），會使用榛果製成「Noisettines du Médoc」；在里昂則是染成深濃的紅色或粉紅色的杏仁果，製成「Praline rouge/rose」，都是當地的名產並廣獲青睞。節慶時攤販會銷售使用花生製作的「Chouchou」，也是一種焦糖堅果。在法國各個種類的焦糖堅果，同樣受到喜愛。本書中「堅果森林的焦糖堅果」，是利用杏仁果和住家旁廣闊森林外圍的野生核桃、榛果來製作。家庭製作時，無論是單一種或其他複合種類的堅果都能替換。相較於傳統的焦糖堅果，焦糖表層的糖衣更薄，甜味和口感也更加輕盈。

堅果森林的焦糖堅果

外層的焦糖糖衣爽脆，不會過度甜膩，
以烘托香氣爲首要目標。是本書中最基本的焦糖堅果。

材料

（方便製作的建議量＝約100g）

杏仁果、核桃、榛果 … 各20g（＊1）

a 細砂糖 …30g
　　香草莢取出籽（＊2） … 少許
　　水 …10ml

b 細砂糖 …10g
　　肉桂粉 … 少許（1/4 ～ 1/3小匙）
　　水 …10ml

鹽 … 少許（0.5g）

＊1 帶薄膜、無膜、烤焙過、新鮮等，無論是哪種堅果（無鹽）都能製作。榛果特別是帶有薄膜者，能呈現出獨特的濃郁風味，期望大家能試試看。話雖如此，堅果不管是綜合或是單一種都可以。腰果、夏威夷果、胡桃等也都能製作。

＊2 若細砂糖使用的是香草糖（請參照p.93），就不需要。用香草莢油也很好。

工具

- φ18 ～ 20cm的單柄鍋
  （或是 φ24cm的平底鍋。請參照 p.92）
- 橡皮刮刀或木杓
- 毛刷
- 方型淺盤（或平盤、攤開的烤盤紙等）

保存方法

完全冷卻後，為避免受潮地連同乾燥劑一起密封保存。

1

堅果放入低溫烤箱、麵包小烤箱、或是平底鍋中烤焙。

要做出香脆美味的焦糖堅果，最重要就是烤焙。「恰到好處」的烤焙，就能產生齒頰生香的香氣。請參照 p.14。

2

在鍋中放入 **a**，待全體濕潤。若開始出現乾燥處時，可以極微量地補入水份。用中火加熱至細砂糖融化成為糖漿，熬煮至產生氣泡為止。不加以攪拌，僅晃動鍋子使全體均勻。

3

再繼續熬煮至氣泡薄膜像是黏度增加一般地產生濃稠。熬煮至此時,放入1的堅果,迅速地用刮刀混拌,使表面沾裹糖漿。

4

一度離火後,再氣力十足地持續混拌全體,待糖漿呈糖飴狀態後,就會開始結晶化。一旦持續不斷混拌,堅果也會呈現如裹上糖粉般的狀態。

5

持續用力的混拌,同時再次開火加熱。待鍋底的結晶開始融化,全體混合為一即可熄火,僅取出堅果。

決定口感關鍵的第二個訣竅,就是糖漿熬煮的程度。添加堅果時的糖漿,是熬煮至尚未呈色,開始產生具黏度的氣泡時。p.15「糖漿①」的階段。

使未沾裹在堅果上的糖結晶,與鍋底溶出的糖漿一起沾裹在堅果表面後取出。但在此要避免過度加熱。

6

接著用含有水份（用量外）的毛刷，刷落沾黏在鍋子側邊周圍的糖漿，加入b，再次以中火加熱。融化細砂糖，熬煮至糖漿再次開始產生黏稠氣泡的狀態。

第二次糖漿量較少，因此要避免熬煮過度而減量，估算好產生黏稠度時，就要進入步驟7。

7

放入堅果和鹽混拌全體，離火後待表面再次呈現粉狀時，再次加熱並氣力十足地從底部大動作翻起混拌，使堅果表面接觸空氣。將鍋子反覆離火、加熱調節熱度，一邊防止堅果的糖衣融化剝離，一邊持續進行焦糖化的步驟。

在沾裹好的糖衣表面，再次層疊裹上糖衣，持續進行焦糖化，指的就是這個步驟。攪拌混合晃動堅果，使表面糖衣接觸空氣而凝固。另一方面，雖然利用加熱使沾裹的糖衣融化，但希望能融化鍋中的糖結晶，使其能完全沾裹在堅果外、持續進行焦糖化。與此相反，則是藉由氣力十足的攪拌、調節與火的距離，成功完成製作。

8

重覆不斷地混拌，將鍋子離火、靠近加熱等，使鍋底焦糖化的糖漿沾裹在堅果外，待堅果的糖衣出現光澤時，立即熄火，由鍋中取出攤平。趁熱時避免沾黏地使每一顆分散，放至冷卻。

散發香甜氣息，焦糖恰到好處的焦香，不會過甜且香氣十足，就是口感極佳的焦糖堅果。一旦糖漿開始焦糖化，進展會十分迅速，所以需要仔細觀察顏色、香氣、黏性。因為加入了肉桂，與單純堅果的顏色有些差異，p.15「焦糖③」就是理想的狀態。

烘烤堅果的
顏色判斷

堅果最初會沾裹上熱的液狀糖漿，因此含有水份可能會使堅果彈起。為避免這樣的狀況，作為材料的堅果，無論是新鮮或是烘烤過的，在沾裹焦糖前都會先烘焙後再使用。可以用低溫（160～170℃）烤箱；或使用麵包小烤箱並覆蓋鋁箔紙，不斷重覆開關使其緩慢烘烤；又或是用平底鍋以小火烘炒。堅果在溫熱時，會變得較軟，但若有薄膜時會難以判斷，建議可以對半切開一顆確認內側的顏色。只要放涼後呈現硬脆的口感，就沒有問題。列出4種代表性的堅果色澤，請大家參考。也標記出堅果新鮮時使用的烤箱溫度和相對應烘烤時間的參考標準。

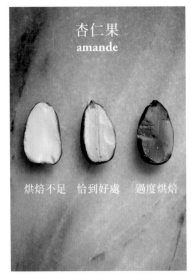

杏仁果
amande

烘焙不足　恰到好處　過度烘焙

整顆 170℃ **12～20**分
片狀 160℃ **5～8**分

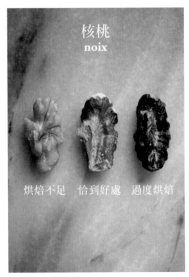

核桃
noix

烘焙不足　恰到好處　過度烘焙

160℃ **10～15**分

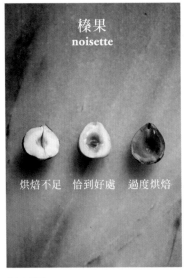

榛果
noisette

烘焙不足　恰到好處　過度烘焙

170℃ **12～20**分

腰果
noix de cajou

烘焙不足　恰到好處　過度烘焙

160℃ **10～15**分

糖漿焦糖化的顏色辨識

熬煮細砂糖融化的糖漿，會逐漸的產生黏性、呈色並散發香氣，進而成為焦糖。使堅果沾裹糖漿成為糖衣，再恰到好處的焦糖化完成。完成的焦糖堅果，首先硬脆焦糖會在口中碎裂，散發無法抵擋的美味。所以請先確認焦糖化各階段的色澤、氣泡的黏性、香氣，也能運用在本書焦糖堅果之外的其他配方。一旦添加水麥芽、蜂蜜、香料後，顏色也會隨之改變，請以此為參考，溫度也標記如下。

糖漿①（透明）

約115℃

細砂糖融化成為糖漿，沸騰後啾哇啾哇的聲音，就是開始產生黏稠的變化，出現紮實的氣泡薄膜。一旦攪拌，就會產生白色結晶，因此不進行混拌

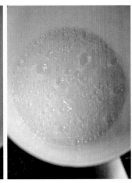

糖漿②（淡黃）

約145℃

邊緣開始呈色。連同鍋子一起晃動使全體均勻

焦糖①（黃）

約155℃

全體呈現淡薄的顏色，開始散發糖飴的味道

焦糖②（琥珀）

約165℃

氣泡產生黏性，顏色變濃。焦糖滴在鋁箔紙包覆的保冷劑表面會立即凝固，用指尖按壓時會破碎的硬度

焦糖③（茶褐色）

約175℃

深濃玳瑁糖色。要注意此時開始焦糖化，進展會很迅速

焦糖④（紅褐色）

約180℃

散發更香甜的氣味，黏性更強。微苦淡化甜味，一旦冷卻就凝固成堅硬狀態

焦糖堅果的享用樂趣

像巧克力般

搭配咖啡

16

和起司
一起搭配，
撒在水果沙拉上

與小型米果
一起作為
佐酒小點心

焦糖堅果餅乾

在焦糖堅果名店「Maison Mazet」學到，並調整成日本方便製作的配方。
是一道讓人覺得完全活用了焦糖堅果香氣及風味的餅乾。

材料（12片）

「堅果森林的焦糖堅果（p.11）」

  （照片使用的是榛果）…25g

奶油（無鹽）…60g（置於25℃左右的室溫）

a 紅糖（或蔗糖）…35g

| 細砂糖 …20g

雞蛋 …1/2個（置於室溫中）

鹽 …1.5g（不到1/3小匙）

香草莢取出籽（＊）或香草莢油 …少許

b 低筋麵粉…90g

| 泡打粉 …1.25g（不到1/2小匙）

裝飾用

「堅果森林的焦糖堅果（p.11）」

  （照片是榛果和核桃）… 約30顆

＊若細砂糖使用的是香草糖（請參照p.93），就不需要。
用香草莢油也很好。

準備

◆ 焦糖堅果（裝飾用），切成1/3或對半。鋸齒刀會
比較容易進行。

◆ φ6cm的環形模，或
是準備雙層鋁箔紙，覆
蓋在φ6cm的瓶子或杯
口，使其成為鋁箔杯狀
（9號）的共12個。

1 奶油回溫成橡皮刮刀可插入的軟硬度後，放
入缽盆中，分二次加入 **a**，每次加入後都用
橡皮刮刀來回磨擦般地充分混拌。

2 攪散的蛋液分二次加入，每次加入後皆混拌
至均勻。若產生分離，就是材料的溫度過
低，可以在缽盆底部墊放熱水，使其成為滑
順狀態（須避免加熱呈滑動狀）。

3 放進鹽和香草籽混拌，過篩 **b** 加入並以橡皮
刮刀如切開般混拌。

4 大致混拌後，加入焦糖堅果輕輕混拌，利用
橡皮刮刀的表面磨擦般地混拌，至成為滑順
的麵團。

5 在展開的烘焙紙上擺放麵團，使用烘焙紙將
麵團包捲整合成長12cm的圓柱狀，像包糖
果般閉合兩端。置於冷藏室3小時以上使其
固定。

6 烤箱以180℃預熱。使用環形模時，在烤盤
上舖放烘焙紙。

7 將麵團分切成12等份，排放在烤盤上，擺
放裝飾用的焦糖堅果後套上環形模，或放入
鋁箔杯後排放在烤盤上。放進烤箱內，降溫
至170℃，烘烤15～20分鐘，烘烤至全體
呈現金黃色澤。

＊進行步驟7之前，將麵團先放入冷凍室約15分鐘，
可以更容易分切。

巧克力焦糖堅果

雖然單純咖啡色的巧克力也十分推薦,但紅色的糕點材料-草莓粉的酸甜滋味,也是絕妙的搭配。
在此介紹不需要調溫就能簡單製作的方法。

材料（「堅果森林的焦糖堅果（p.11）全量」）

「堅果森林的焦糖堅果（p.11）」… 全量（約100g）

覆蓋巧克力（couverture）…90g

可可粉 … 適量

a（若有）

　　草莓粉（冷凍乾燥）… 適量

　　糖粉 … 與草莓粉等量

準備

◆ 焦糖堅果置於冷藏室冷卻備用。

◆ 巧克力切成細碎狀。

◆ 可可粉、混合後的 **a** 各別過篩備用。

1　焦糖堅果、可可粉、**a** 各別放入不同鉢盆中。

2　巧克力以40℃（伸入手指感覺略微熱的程度）的熱水隔水加熱，邊混拌邊使其融化。熄滅隔水加熱的火源，放置備用。

3　在焦糖堅果的鉢盆中放入約2大匙步驟**2**融化的巧克力，用橡皮刮刀從底部翻起攪拌其使沾裹。待巧克力凝固後，再次加入約2大匙的巧克力，用橡皮刮刀混拌沾裹。重覆此步驟。

4　加入最後的巧克力混拌，待幾乎凝固時，各別取2、3顆放入可可粉或 **a** 的草莓粉鉢盆中，連同容器一起翻動使全體沾裹，移至方型淺盤或器皿內，使其乾燥。

＊避免步驟2的巧克力溫度過度升高，就是製作的訣竅。

＊照片中使用的是杏仁果製成的焦糖堅果。無論是哪種堅果製成的焦糖堅果都能替換。

堅果起司的奶油酥餅

焦糖堅果的香甜，加入酥脆起司風味的麵團中。
能搭配餐前、餐後酒享用，是成熟風格的小酥餅。

材料（12片）

「堅果森林的焦糖堅果（p.11）」…20g

a 奶油（無鹽）…25g（置於25℃左右的室溫）
　│ 藍紋起司（＊）…25g

鹽 … 少許

低筋麵粉 …50g

粗磨黑胡椒 … 適量

＊藍紋起司是鹹度和氣味較強的產品。若是不喜歡這樣的味道，可以用等量磨削的帕瑪森起司（Parmigiano）或格拉娜·帕達諾（Grana Padano）起司，與牛奶5g，再加上少許的鹽來替換。

準備

◆ 烘焙紙裁切成25×18cm大小，將短邊以3cm寬折出4條折線，有助於之後形成四方長條柱狀。

1　**a**置於室溫中，至橡皮刮刀可插入的軟度後，放入缽盆中。加入鹽，用橡皮刮刀邊壓碎塊狀部分，邊攪拌至均勻後，攤開舖平在底部。

2　過篩並加入粉類，放進黑胡椒。用橡皮刮刀將奶油和起司以切拌的動作，不時由底部翻起，至全體混拌。

3　最後，利用橡皮刮刀的表面磨擦般地逐一將塊狀部分逐漸壓碎並分散，使全體均勻。撒入焦糖堅果，整合使其混入麵團。

4　攤開預備好的烘焙紙，將**3**細長地放置在烘焙紙上。依照折紋，使用尺或刮板等輔助整合，使麵團成為3cm立方、長約10cm的長條柱狀，包妥麵團。置於冷藏室3小時以上使其固定。

5　烤箱以180℃預熱。將麵團取出分切成12等份，排放在舖有烘焙紙的烤盤上，放進烤箱內，降溫至170℃，烘烤15～20分鐘，確實烘烤至餅乾底部也呈現金黃色澤為止。

＊步驟**5**之前，將麵團先放入冷凍室約15分鐘，可以更容易分切。

堅果森林的費南雪

焦化奶油的香氣搭配焦糖堅果,也可以使用檸檬風味的糖霜。
榛果與檸檬在法國是常見的人氣組合。

材料（瑪芬模型6個 *1）

麵團

│ 奶油（無鹽）…45g
│ **a** 細砂糖 …45g
│ │ 檸檬皮碎 … 小型1個
│ **b** 杏仁粉 …45g（*2）
│ │ 低筋麵粉 …25g
│ │ 泡打粉 …1g（1/3小匙）
│ **c** 蛋白 …45g
│ │ 鹽 … 少許
│ │ 蜂蜜 …7g（1小匙，若是堅硬狀態
│ 　可以微波軟化）

「堅果森林的焦糖堅果（p.11）」
　的焦糖榛果 …18～24顆
d 糖粉 …10g（多於1大匙）
│ 檸檬汁 …3g（2/3小匙）

*1　模型若是使用費南雪模、瑪德蓮模等小型糕點
的烤模（含鋁箔模型）時，烘烤時間會略有不同，但
無論哪種都能製作。

*2　若有榛果粉，請在45g中試著替換使用10g，
應該更能享受堅果的風味。

準備

◆ 用毛刷將軟化的奶油刷塗在模型內側（用
量外），置於冷藏室冷卻凝固。

◆ 焦糖堅果對半分切備用。

1　在小鍋中放入奶油，用中火加熱。晃動鍋子使其均勻
融化並持續加熱，至開始產生叭嗞叭嗞的聲音、呈
色，形成分離的液狀。聞到香氣且帶著金色的茶色
後，避免持續焦化地將鍋底浸泡在水中片刻終止加
熱，保持溫熱的狀態備用。

2　在缽盆加入 **a**，用攪拌器充分混拌。過篩 **b** 加入混拌。

3　在 **2** 的中央作出凹槽，放入混拌完成的 **c**，改以橡皮
刮刀混拌。

4　加入以茶葉濾網過濾 **1** 的焦化奶油，用橡皮刮刀混合
拌勻。放入塑膠夾鏈袋內，置於冷藏室6小時以上使
其冷卻。

5　將底盤放入烤箱中，以200℃預熱。用茶葉濾網篩撒
高筋麵粉（用量外）至模型中。

6　**4** 的袋子一角約剪去1.5cm左右，由這個開口將麵糊
均勻擠至模型中。將焦糖堅果切面朝上地放在表面，
放入烤箱烘烤5分鐘。降溫至180℃，再烘烤10～
12分鐘，烘烤至全體呈現金褐色，脫模置於網架上
冷卻。

7　將 **6** 放回模型中，用毛刷混拌 **d** 刷塗在表面，用210℃
的烤箱烘烤1分鐘，使表面乾燥。

＊塑膠夾鏈保存袋，兼作擠花袋的詳細說明，請參照 p.92。

將塑膠夾鏈袋放入寬
口容器內，反折袋口
會比較容易裝填麵
糊。絞擠時，只要剪
去其中一角，就是擠
花口。

Les Pralines

25

Les Pralines
焦糖堅果的
搭配變化

綜合焦糖堅果
（甘露）

焦糖咖啡胡桃

焦糖南瓜子、焦糖葵瓜子
與焦糖松子

→製作方法 p.28

焦糖
核桃芝麻

咖哩風味
焦糖腰果

請試試使用各種堅果的特色製
作焦糖堅果。可以在不同的堅
果中，添加自己喜歡的風味，
也是製作的樂趣所在。請以此
為發想地嘗試使用腰果或夏威
夷豆等，發掘自己喜愛的風味
吧。製作步驟請參照「堅果森
林的焦糖堅果（p.11）」。

→製作方法 p.29

綜合焦糖堅果
（甘露）

在日本販售最為普遍的
3種綜合堅果。
醬油、砂糖、奶油的風味
交織成充滿誘惑的香氣。

材料（約100g）

杏仁果 … 20g
腰果 … 20g
核桃 … 20g
a 細砂糖 … 50g
　│ 水 … 15ml
奶油 … 5g
醬油 … 數滴

* 這個配方是將略多的細砂糖全部一次加入，使其結晶化之後，堅果中途不取出，直接用小火慢慢地熬煮至焦糖化的製作方法。添加砂糖的時間點、糖衣的沾裹方法都相同。持續混拌至產生褐色光澤，奶油和醬油在熄火前一刻才加入，是非常容易製作的食譜配方。

* 選擇大小均勻的堅果就是訣竅，大型的核桃配合其他堅果的大小來分切。

焦糖
咖啡胡桃

胡桃經常使用在美國的咖啡蛋糕中。
可以作成適合搭配咖啡的焦糖堅果來享用。

材料（約100g）

胡桃 … 60g
a 細砂糖 … 30g
　│ 水 … 12ml
b 細砂糖 … 10g
　│ 即溶咖啡 … 2～3g
　│　（約1小匙）
　│ 熱水 … 少許
　│ 肉桂粉 … 1g（1/2小匙）
　│ 水 … 10ml
鹽 … 少許
奶油 … 5g

* 用恰好能溶解即溶咖啡的少量熱水，使其融化。

* 第二次添加的糖漿焦糖化，比基本製作時再略微多一些，做成具光澤的成品。奶油在熄火前一刻才加入。

焦糖南瓜子、
焦糖葵瓜子與焦糖松子

種籽類的焦糖堅果。建議可以擺放在餅乾上烘烤、
搭配綜合穀麥（Granola）等享用。

材料（約100g）

南瓜子 … 20g
葵瓜子 … 20g
松子 … 20g
a 細砂糖 … 30g
　│ 水 … 12ml
b 蔗糖 … 10g
　│ 水 … 10ml
鹽 … 少許

* 第二次放回種籽堅果後，控制焦糖化的程度，當外層包覆的糖漿呈現粉狀時即完成。

焦糖核桃芝麻

核桃外沾裹芝麻和黑糖風味，日式風格的焦糖堅果。

材料（約100g）

核桃 …50g

a 細砂糖 …30g
  │ 水 …12ml

b 黑糖 …10g
  │ 水 …10ml

炒熟芝麻（白）…10g

鹽 … 少許

芝麻油 … 數滴

* 芝麻不需炒香直接使用，放回核桃的同時加入鹽。

* 黑糖若是塊狀時，用恰好能溶解黑糖的少量熱水，使其融化後添加。

* 芝麻油在熄火前一刻才加入，更能烘托出成品的香氣。

咖哩風味焦糖腰果

腰果也經常運用在印度料理，
因此成為以咖哩鹹味勝出的焦糖堅果。

材料（約100g）

腰果 …60g

a 細砂糖 …30g
  │ 水 …12ml

b 細砂糖 …10g
  │ 咖哩粉 …2～3g（約1小匙）
  │ 番茄醬 …2～3g（1/2小匙）
  │ 水 …10ml

小茴香籽（Cumin Seeds）（若有）… 少許

鹽 … 少許

醬油 …5～6g（1小匙）

* 番茄醬會增加糖漿的黏性，確實遵照用量，放入 **b** 之後請仔細觀察黏度及沾裹狀態地進行。

* 若有小茴香籽，可在放回腰果時，連同鹽一起加入，更能凸顯風味。

* 醬油容易燒焦，在熄火前一刻才加。

焦糖花生
"Chouchou"

梅多克風格的
焦糖榛果（柚子）

蒙塔日風格的
焦糖杏仁（可可）

與法國至今廣受喜愛的傳統焦糖堅果的食譜配
方非常相似。雖然製作步驟與「堅果森林的焦糖
堅果（p.11）」相同，但特徵是焦糖層較厚，因
此添加的砂糖用量也變多。在此為方便製作地
減少了整體份量。另外，製作步驟5，盡可能使
結晶大量沾裹在堅果外，完成時也再略焦糖化
一些就是重點。細砂糖改使用香草糖（p.93），
可以使香氣更加豐富，更貼近最近的流行。

焦糖花生 "Chouchou"

完全相同的製作方法，一旦使用了花生
瞬間感受到親切且令人懷念的滋味。

材 料（約80g）

花生…40g

a 細砂糖…25g
│ 水…10ml
b 細砂糖…15g
│ 肉桂粉…2g（約1小匙）
│ 水…10ml
鹽…少許

蒙塔日（Montargis）風格的
焦糖杏仁（可可）

也可以用喜好的香料，或磨削的柳橙皮碎
來取代可可粉。在「Maison Mazet」銷售
數種使用不同香料的成品。

材 料（約80g）

杏仁果…40g

a 細砂糖…25g
│ 水…10ml
b 細砂糖…15g
│ 可可粉…2g（約1小匙）
│ 水…10ml
鹽…少許

＊ 使用磨削的柳橙皮碎取代可可粉時，請
　 在即將完成前才加入。

梅多克（Médoc）風格的
焦糖榛果（柚子）

添加了近年在法國也十分受歡迎的柚香風味。
也可以用檸檬取代。

材 料（約80g）

榛果…40g

a 細砂糖…25g
│ 水…10ml
b 細砂糖…15g
│ 水…10ml
鹽…少許
柚子皮（磨碎）…1個

＊ 磨削的柚子皮碎，
　 在即將完成前才加入。

位於蒙塔日（Montargis）的「Maison Mazet」，承襲了賈魯佐（Jaluzot）所創的焦糖堅果配方，
至今仍販售焦糖堅果的知名創始老店。本店是古老厚實的建築風格，也有開設糕點課程。

「Maison Mazet」的焦
糖杏仁，在原味中添加
了數種辛香料或柑橘的
風味。各種優雅別緻的
罐裝或紙包的焦糖堅
果，與巧克力一起陳列
在店內。

photo Le vent des Coquelicots

在法國至今仍受到歡迎的市售焦糖堅果。照片
中前方3項是「Maison Mazet」的商品。後方酒
瓶形狀的容器，是波爾多梅多克（Médoc）的焦
糖榛果，具有質樸的焦糖風味。左邊袋裝的是
在觀光景點或節慶時，向攤商所購買的焦糖花
生「Chouchou」。

II

果仁糖
Les Pralins

果仁糖也是一種焦糖化的堅果，是細碎的狀態。在法國，超市等都能購得的常見商品。會撒在日常享用的優格或慕斯上；或作爲烘焙材料，混拌至糕點的麵團中；也會用於最後的表面裝飾。若要在家動手製作，用食物調理機打碎焦糖堅果，可能會造成機器損壞，因此直接使用杏仁片和切碎的榛果，像製作焦糖堅果般以焦糖沾裹製作而成。以此製作「堅果森林的果仁糖」，隨時都能輕鬆地加入糕點、麵包中，增添焦糖堅果風味。像是很受歡迎的佛羅倫汀（Florentins），風味的搭配組合就能簡單完成了，簡直就是「糕點的三島香鬆」！享用方法、變化組合，都有無限寬廣的可能。在此介紹開心果、松子、夏威夷豆、椰子等的果仁糖，請大家也品嚐一下法國人鍾情的風味。希望大家都能找到自己喜歡的果仁糖及用途。

材料
（方便製作的建議量＝約100g）

榛果（*1）…30g
杏仁果（片狀 *1）…30g
a 細砂糖 …40g
│ 水 …10ml
香草莢取出籽（*2）… 少許

*1 也可以使用單一種堅果60g來製作，或是用腰果、核桃切碎等共計60g製作，但不使用鹽。

*2 若細砂糖使用的是香草糖（請參照p.93）時，就可省略。也可以用香草莢油。

工具
- φ18～20cm的單柄鍋（或是 φ24cm的平底鍋。請參照p.92）
- 橡皮刮刀（或木杓）
- 方型淺盤（托盤或平盤）2、3個

保存方法
完全冷卻後，為避免受潮，連同乾燥劑一起放入密封罐保存。

1 榛果切成粗粒狀。用鋸齒刀較容易進行。

2 杏仁片和**1**的榛果放入低溫烤箱、或麵包小烤箱、或平底鍋中烤焙（請參照p.14，至半數以上呈現「恰到好處」的顏色）。

3 在鍋中放入 **a**，待全體濕潤。用中火加熱至細砂糖融化成為糖漿，熬煮至產生氣泡為止。不加以攪拌，僅晃動鍋子使全體均勻。

4 再繼續熬煮至氣泡薄膜像是增加黏度般產生濃稠時，放入**2**的堅果，轉為小火，迅速地用刮刀混拌。

5 氣力十足地持續混拌，至開始結晶化，呈現如裹上糖粉般的狀態。一度熄火，使結晶沾裹至堅果充分混拌。

6 邊混拌，邊再次以中火加熱，使沾黏在鍋壁上的結晶融化並沾裹在堅果外。因結晶會開始呈色，因此必須避免燒焦不斷混拌。將鍋子離火、再靠近加熱等調整，至糖衣半數以上呈現焦糖色後，添加香草籽混拌，熄火，攤開至方形淺盤中。

7 迅速攤平使其冷卻，若方型淺盤升溫，再換至另外的淺盤內，重覆使其迅速冷卻。

＊步驟4時一旦糖漿熬煮不足，堅果會受潮，因此必須嚴守 p.15「糖漿①」的階段，與焦糖堅果相同。

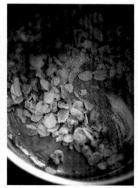

Pralin De Nos Forêts

堅果森林的果仁糖

製作之初就將堅果切碎，僅沾裹一次焦糖製成。
也可以單用杏仁片。

果仁糖的享用樂趣

搭配市售的綜合穀麥（Granola），就是 **petit déjeuner**（早餐）。

若有自製果仁糖，就更方便簡單（製作方法85頁）

撒上喜歡的風味
瞬間躍升成
焦糖堅果冰淇淋

甜甜的烤番薯
表面融化奶油後
再撒上果仁糖

佛羅倫汀可頌／佛羅倫汀麵包脆餅

→ 製作方法 p.42

佛羅倫汀貓舌餅

→ 製作方法 p.43

佛羅倫汀可頌

佛羅倫汀（Florentins）是焦糖化杏仁片的糕點。
用市售的可頌和果仁糖，輕鬆就能享受到美妙滋味。

材料 （小型 5 個、中型 2 ～ 3 個）

市售可頌 … 小型 4 個、或中型 2 個
配料
｜「堅果森林的果仁糖 (p.36)」… 30g
｜奶油 … 10g
a 蜂蜜 … 5g
｜牛奶 … 3g

1. 製作配料。用微波爐加熱 **a**，待溫熱後，放入奶油，充分混拌，添加果仁糖混拌。

2. 置於冷藏室冷卻約 5 分鐘，會略產生濃稠，再鋪至可頌表面，放入以 180 ～ 190℃ 預熱的烤箱或麵包小烤箱中，短時間烘烤至果仁糖變成茶褐色為止。

3. 冷卻。

＊可頌表面若不容易將果仁糖堆成山型時，可以輕輕按壓堆疊。皮力歐許、餐包、吐司麵包等都能以相同方式製作。

佛羅倫汀麵包脆餅

好吃到停不下來，
令人無法想像沒有堅果和焦糖的麵包脆餅

材料 （10 ～ 15 片）

長棍麵包 Baguette (7mm 的薄片) … 10 ～ 15 片
奶油 (無鹽) … 30 ～ 50g
「佛羅倫汀可頌」的配料 (除去奶油) … 全量
細砂糖 … 適量

1. 將長棍麵包排放在網子上，直接放置半天至一天，使其乾燥。若有的話可以用另一片網子覆蓋，使麵包片能乾燥成平坦狀態。

2. 用微波爐融化奶油，略浸泡長棍麵包片的兩面 (喜歡輕盈口感的話可以只浸泡單面)，疊放備用。

3. 配料與「佛羅倫汀可頌」同樣方法 (除去奶油) 製作。

4. 細砂糖倒入深盤中，輕輕按壓 **2** 的單面 (浸泡奶油面)，細砂糖面朝上，排放在鋪有烘焙紙的烤盤上。鋪放 **3** 並攤平。

5. 用 180℃ 預熱的烤箱烘烤 8 ～ 10 分鐘，烘烤至果仁糖呈烤色時，降溫至 160℃，再烘烤 5 ～ 10 分鐘，烘烤至麵包完全乾硬爽脆。打開烤箱門放至乾燥冷卻即完成。

佛羅倫汀貓舌餅（Langue de chat）

配合果仁糖的香氣，除了輕盈之外，更具有獨特的口感。
成品彎折成弧形，使用手邊既有的工具，意外地簡單就能完成。

材料（12片）

奶油（無鹽）…30g（置於25℃左右的室溫）

a 糖粉…25g
│ 鹽…少許（0.5g）

蛋白…30g（置於室溫中）

細砂糖…10g

低筋麵粉…25g

杏仁粉…5g

「佛羅倫汀可頌」的配料
　（除去奶油）…1.5倍用量

準備

◆ 鋁箔紙2個重疊地覆蓋在 ϕ 直徑7cm的瓶底或杯口，使其成為底部 ϕ 7cm的鋁箔杯共製作12個，請參照p.19。另外取一個鋁箔杯備用。

◆ 用一張鋁箔紙，包覆廚房紙巾或保鮮膜中芯的圓筒。

1　配料與「佛羅倫汀可頌」相同（除去奶油）製作。

2　奶油回溫成橡皮刮刀可插入的軟硬度後，放入缽盆中，用橡皮刮刀攪拌。改用攪拌器使其飽含空氣地混拌，過篩 a 並加入，混拌均勻。

3　在略小的缽盆中放入蛋白，加入細砂糖打發，製作成舀起尖角彎曲，濕性發泡的蛋白霜。取半量加入 2，用橡皮刮刀彷彿切開般地大致混拌後，加入過篩的低筋麵粉，放入杏仁粉混拌。加入剩餘的蛋白霜，避免破壞氣泡地混拌。

4　放入塑膠夾鏈袋內，置於冷藏室冷卻備用。以190℃預熱烤箱。

5　鋁箔杯排放在烤盤上。剪去 4 的袋角約5mm，由這個孔洞將麵糊絞擠成 ϕ 直徑7cm渦卷狀至鋁箔杯中。

6　放入烤箱烘烤5～6分鐘，待麵糊周圍變薄，開始呈色後取出，迅速擺放 1 的配料，烤箱降溫至170℃再次放回烘烤。

7　烘烤5～8分鐘，待周圍呈色，果仁糖也呈現烤色時，連同烤盤一起取出。趁熱時連同鋁箔杯一起移至包捲了鋁箔紙的圓筒上，覆蓋上預備好的另一個鋁箔杯，套上厚棉手套輕輕按壓，使其產生圓弧形狀。待完全冷卻後，避免潮濕地加以保存。

＊塑膠夾鏈保存袋，兼作擠花袋的詳細說明，請參照p.92。

果仁糖肉桂卷

→ 製作方法 **p.46**

果仁糖奶酥的香蕉馬芬

→ 製作方法 p.47

果仁糖肉桂卷

剛出爐充滿果仁糖的香氣搭配起司奶油餡，
就能開心享用的溫熱糕點，冷卻後也能重新復熱享用。

材料（瑪芬模6個）

「堅果森林的果仁糖(p.36)」… 約45g

奶油(無鹽)…35g(冰冷的)

a 低筋麵粉 …100g

$\mid$ 泡打粉 …3g(約1小匙)

蔗糖(或細砂糖)…20g

b 雞蛋 …30g

$\mid$ 鹽 … 少許(1g)

$\mid$ 原味優格…20g

內餡

$\mid$ 奶油(無鹽)…12g(室於室溫軟化)

$\mid$ 蔗糖(或細砂糖)…10g

$\mid$ 肉桂粉…6g(3小匙)

起司奶油餡

$\mid$ 奶油起司(Cream cheese)…100g

$\mid$ 鮮奶油…100g

$\mid$ 糖粉…12g

準備

◆ 將烘焙紙切成35cm長，對折備用。

1　冰冷的奶油與 **a** 一起放入食物調理機內攪打，待奶油殘留細小顆粒的程度，即移至缽盆中(或將材料放入缽盆中，用刮刀或刀子將奶油切成細碎後，用指腹磨擦混拌)。加入蔗糖，用橡皮刮刀混拌。

2　混合好的 **b** 撒入 **1**，以橡皮刮刀像切開般地混拌，使材料整合成團。若仍有粉類殘留，可以補入少許水份(用量外)。

3　雙手蘸取手粉(用量外)整合麵團，輕輕揉和，再整合成10cm的正方形。以保鮮膜包覆，置於冷藏室冷卻30分鐘(冷凍庫則15分鐘)以上。

4　製作內餡。揉和奶油、混拌蔗糖、肉桂粉。

5　將 **3** 的麵團輕輕拍上手粉(用量外)，放置在準備好的烘焙紙上，以烘焙紙夾後，用擀麵棍由上方擀壓成16cm的正方形。塗抹 **4** 的內餡，由靠近身體的方向，向外捲起，用烘焙紙重新捲好包妥後，置於冷藏室冷卻30分鐘(冷凍庫則15分鐘)以上。

6　瑪芬模內刷塗奶油(用量外)。將 **5** 的麵團分切成6等份。將果仁糖略多於1大匙放在烘焙紙上，將1個麵團的側面滾動沾裹上果仁糖後，放入瑪芬模內。其餘麵團也同樣完成，連同模型一起放入冷藏室，以180℃預熱烤箱。

7　將 **6** 放入烤箱，降溫至170℃，烘烤15～20分鐘至呈現金黃色澤。完成烘烤後，佐以混拌完成的起司奶油餡享用。

果仁糖奶酥的香蕉馬芬

如果你喜歡堅果，一定要試試這個果仁糖奶酥。
這裡的做法能放上大量酥脆的果仁糖奶酥而不會掉落。

材料（瑪芬模5個）

果仁糖奶酥（一次方便製作的份量＝120g＊）

「堅果森林的果仁糖（p.36）」…50g

奶油（無鹽）…30g（冰冷的）

低筋麵粉…20g

全麥麵粉…10g（也可以用低筋麵粉取代）

肉桂粉…2g（1小匙）

紅糖（或蔗糖、細砂糖）…10g

鹽…少許

麵團

香蕉（完全熟透）…110g（實際重量）

奶油（無鹽）…25g（置於25℃左右的室溫）

a 細砂糖…35g

蔗糖（或紅糖）…30g

b 雞蛋…1個（放置回復室溫）

鹽…少許

原味優格…15g（放置回復室溫）

c 低筋麵粉…110g

泡打粉…3g（約1小匙）

糖粉…適量

＊剩餘的奶酥，可以冷凍保存。

準備

♦ 模型中放入瑪芬用紙杯。

♦ 預備5個 ∅7cm 的環形模，或是以鋁箔紙包覆厚紙製成，請參照 p.92。

1 製作果仁糖奶酥。冰冷的奶油和其他材料放入食物調理機內攪打，使其成為鬆散粒狀。置於冷凍室備用。

2 製作麵團。香蕉用叉子按壓搗碎成泥。

3 奶油回溫成橡皮刮刀可插入的軟硬度後，放入缽盆中，用橡皮刮刀攪拌。改用手持電動攪拌機，將砂糖分二次加入，每次加入都邊打發邊進行混拌。加入 **b**，繼續混拌。

4 放進香蕉泥，改以網狀攪拌器混拌，大約混拌至8成左右，過篩 **c** 並加入，用橡皮刮刀混合拌勻。

5 以180℃預熱烤箱。

6 麵團分別放入紙杯模型，套上環形模，表面各別擺放略多於1大匙的果仁糖奶酥，放入烤箱，降溫至170℃，烘烤25分鐘。脫模，待完全冷卻後，以茶葉濾網篩上糖粉。

環形模也可用鋁箔紙手工製作。套住後烘烤，就能使奶酥不會散溢出來地完成。

Les Pralins
果仁糖的
搭配變化

夏威夷豆、
椰子果仁糖

松子、蕎麥、
杏仁條果仁糖

開心果果仁糖

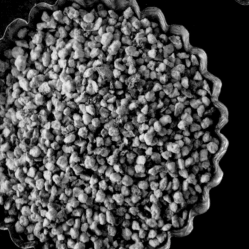

杏仁果、
可可碎豆果仁糖

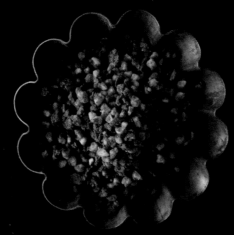

無論哪一種都與「堅果森林的果仁糖（p.36）」
步驟相同，但使用切碎的堅果，因此會因為
有無烤焙，或其烤焙的程度而不同。享用方
法也一樣，可以混拌至奶油餡中、作為裝飾
搭配、也建議使用於糕點製作。

夏威夷豆、椰子果仁糖

令人感受南國風情的組合。
想要使椰子呈現白色，因此各別製作後再組合完成。

材料（約45g）

a 椰子絲 … 10g
　　細砂糖 … 12g
　　水 … 6ml
b 夏威夷豆 … 15g
　　（切成4等份）
　　細砂糖 … 8g
　　水 … 6ml
鹽 … 少許

＊ 只烤焙夏威夷豆。先製作 **a** 的椰子果仁糖，再用同一個鍋子製作 **b** 夏威夷豆果仁糖。將鹽和 **a** 的椰子果仁糖放回鍋中，混拌。

松子、蕎麥、杏仁條果仁糖

混合小型堅果、草本堅果和市售縱向切開的杏仁條，
隱藏的提味秘密就是醬油。

材料（約45g）

松子 … 10g
蕎麥 … 5g
杏仁條（細條）… 10g
a 蔗糖（或細砂糖）… 20g
　　水 … 10ml
醬油 … 3滴

＊ 在平底鍋中，依序加入蕎麥、杏仁條、松子拌炒，等松子散發香氣後，取出攤平在深盤中，使用冷卻後的成品。

＊ 醬油在熄火那一刻才加入，並迅速混拌。

開心果果仁糖

為了更烘托出綠意，添加了抹茶，
在焦糖化前熄火就能保持漂亮的綠色。

材料（約45g）

開心果（粗粒狀）… 25g
a 細砂糖 … 20g
　　水 … 10ml
抹茶 … 2g（1小匙）
鹽 … 少許
杏仁油 … 數滴

＊ 開心果以平底鍋小火翻炒，變熱時取出攤平在深盤備用。必須避免炒出烤色。

＊ 抹茶，在結晶化後添加，鹽、杏仁油在熄火前一刻添加。

杏仁果、可可碎豆果仁糖

可可碎豆的微苦後韻十足。為了使可可碎豆與
杏仁粒的大小均勻，杏仁粒使用的是粗粒狀成品。

材料（約45g）

杏仁粒（粗粒）… 15g
可可碎豆 … 10g
a 細砂糖 … 20g
　　水 … 10ml
可可粉 … 2g（1小匙）
鹽 … 少許
奶油 … 2g

＊ 杏仁粒和可可碎豆以平底鍋用小火翻炒，變熱時取出攤平在深盤備用。必須避免炒出烤色。

＊ 可可碎豆會產生苦味，焦糖化時要比「堅果森林的果仁糖」略早一點停止。

＊ 可可粉連同堅果一起加入，鹽、奶油在熄火前一刻添加。

III

帕林內
Le Praliné

堅果和焦糖的組合，不僅在法國，更是歐洲糕點最受歡迎的風味，其中最具代表的就是帕林內。與巧克力混拌（也常被稱爲「Le Praliné」，會有一點混淆）、與卡士達醬（crème pâtissière）或奶油霜（crème au beurre）混拌，都是經常用於糖果（bonbon）中的材料。市售的帕林內，是使用帶皮的焦糖堅果製成膏狀，因此看起來就像添加了巧克力般顏色深濃。「堅果森林的帕林內」，是將 p.36 的果仁糖用食物調理機攪打而成，因此沒有杏仁果的薄膜，顏色較淡，但卻又多了手工製作才有的不同風味。我個人喜歡多少仍留有粗粒的成品，更能品嚐出手工製作的溫暖馨香。直接享用就很美味的帕林內，製作出的糕點也格外吸引人。

Praliné Maison

堅果森林的帕林內

「堅果森林的果仁糖（p.36）」全量以食物調理機攪打，
攪打至滑順、產生光澤爲止。

＊製作出更焦糖化的果仁糖，風味與顏色會更鮮明。

帕林內的享用樂趣

混合帕林內與鮮奶油，
略略打至發泡，
就成爲帕林內鮮奶油（製作方法89頁）。

帕林內與巧克力融化混拌凝固後
通稱為「Pralinoise」(製作方法57頁)。
在盒中凝固後擺放上焦糖堅果，
就是很棒的巧克力糖 (Bonbon au chocolat)。

Le Praliné

帕林內中添加
美乃滋、醋、鹽、胡椒混拌，
調整成喜好的風味，
也能作為蔬菜的蘸醬。

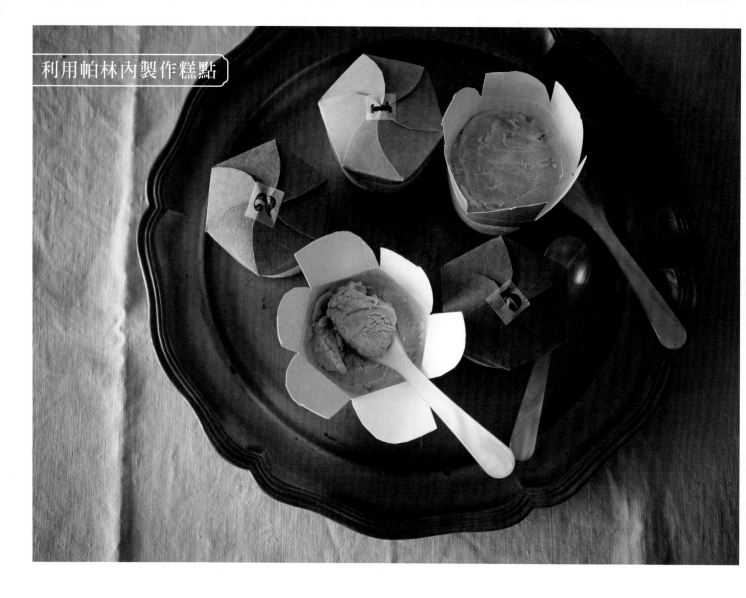

帕林內冰淇淋（Crème glacée）

家庭自製的帕林內冰淇淋。使用紙杯冷卻凝固。
連同手持電動攪拌機的攪拌棒一同放入冷凍室，待開始凝結就進行攪拌。

材料（小型紙杯 3 ～ 5 個）

「堅果森林的帕林內（p.52）」…35g

牛奶…200g

蛋黃…2個

a 蔗糖（或細砂糖）…30g

| 香草莢取出籽（*）… 少許

b 水麥芽…15g

| 煉乳…10g

鮮奶油（乳脂肪成份35%）…100g

＊若細砂糖改用香草糖（請參照 p.93）時可省略。
放香草莢油也可以。

1 牛奶放入小鍋中，加熱至即將沸騰（使用香
　草莢時，可以加入刮出香草籽的香草莢）。

2 缽盆中放入蛋黃，用攪拌器攪散，加入 a，
　混拌至顏色發白。放入 b 和帕林內混拌。

3 將 1 溫熱的牛奶倒入 2 中，混拌。倒回鍋中，
　用小火加熱，邊混拌邊加熱至產生濃稠。用
　刮刀舀起的液體，用手指劃過時會留下痕跡
　的程度即可。

4 用濾網過濾至缽盆中，下方墊放冰水使其完
　全冷卻。

5 鮮奶油攪打成八分打發（舀起時尖角呈現柔
　軟的下垂狀），倒入 4 的缽盆中，混拌。移
　至廣口的容器（量杯、瓶、罐等），插入手
　持電動攪拌機的攪拌棒，裝進塑膠夾鏈袋
　內，放入冷凍室冷卻。

6 約 1.5 小時後，略為冷凍凝固時取出，將插
　在容器內的攪拌棒裝入手持電動攪拌機中啟
　動攪打。再次連同攪拌棒放入冷凍室，每隔
　1 小時攪打 3 ～ 4 次，最後分入紙杯中，再
　放回冷凍室冷凍凝固。

＊若有製作焦糖堅果或果仁糖，也請試著作為配料裝
飾享用。

＊紙杯的閉合方法，請參照 p.91。

重覆凝固後攪拌，因此將手持電動攪拌機的攪拌棒插著
一起冷凍會更簡單輕鬆。

帕林內瑪德蓮

一旦剝開就能看見 Pralinoise（帕林內巧克力醬），大口咬下就能嚐出焦糖堅果、巧克力、檸檬的香氣。
請使用個人喜好的瑪德蓮模，也可以利用帆立貝的貝殼。

材料（約6×6的貝殼瑪德蓮模9個）

帕林內巧克力醬（Pralinoise）…45g

「堅果森林的帕林內（p.52）」…35g

奶油（無鹽）…60g

a 細砂糖 … 20g

　｜紅糖（或蔗糖）…30g

　｜檸檬皮碎 … 1/4個

b 低筋麵粉 … 50g

　｜泡打粉 … 1g（1/3小匙）

雞蛋 … 1個

鹽 … 少許（0.5g）

準備

◆ 帕林內巧克力醬（Pralinoise）分成5g共9個，
置於冷藏室冷藏備用。

帕林內巧克力醬（Pralinoise）的製作方法

切成一口大小，就可以直接享用；放入熱巧克力、抹
在烤麵包上都會融化；也會融入鮮奶油中打發，作為
糕點的材料。

材料（約100g）

「堅果森林的帕林內（p.52）」…45g

牛奶巧克力 …55g

巧克力以微波爐（或隔水加熱）融化，加入帕林內
混拌，融合成滑順狀態。放入巧克力專用模型中，
或是開始凝固時，用烘焙紙包起，捲成筒狀，置
於冷藏室冷卻凝固。

＊捲成筒狀凝固後，可以僅分切出想要的份量。
＊為能活用帕林內的風味，不使用苦甜巧克力而是用牛奶巧
克力。

---

1 用微波爐融化奶油，加入帕林內混拌。

2 在鉢盆中放入 **a**，用攪拌器以摩擦般地進行
混拌。過篩 **b** 加入並混合拌勻，在中央作出
凹槽。

3 打散的蛋液中放入鹽，充分混拌後倒入 **2** 的
凹槽中，用攪拌器少量逐次地將粉類打散圈
狀混拌。加入溫熱的 **1**，混拌均勻。

4 裝進塑膠夾鏈袋，放在冷藏室6小時～一晚。

5 在模型內塗抹軟化的奶油（用量外），置於冷
藏室冷卻備用。放入麵糊前一刻用茶葉濾網
篩撒高筋麵粉（用量外）（使用鋁箔紙模型或
在模型內擺放紙杯時就不需要）。

6 以190℃預熱烤箱。**4** 的袋角約剪去1.5cm左
右，由這個孔洞擠出各約1大匙的麵糊至冰
冷的模型中，擺放預備好的帕林內巧克力醬，
其餘的麵糊均勻分配擠入各模中。

7 放入烤箱烘烤5分鐘，降溫至180℃，再烘烤
10～12分鐘，烘烤至充分膨脹，表面呈現
均勻金黃色澤，趁熱脫模（鋁箔紙模可以直接
放置），冷卻。

＊塑膠夾鏈保存袋，兼作擠花袋的詳細說明，請參照
p.92。

Le Praliné

🐿 在森林中相遇的堅果

　　某年夏天，在庭園小樹林裡除草的家人，發現除草機下有個小東西在動而叫喚我。 這隻還沒張開眼睛、體重只有60g的小生命，是隻紅松鼠小男孩。 因為那天是星期一（法文Lundi），因此命名為Lundi。 既然撿到了就必須照顧牠，一直在網路上搜尋，並尋找野生松鼠的保護團體諮商。 用製作糕點的杏仁粉與小貓咪用的牛奶離乳食品餵食，一天天慢慢地長大了。 最初像老鼠般細長的尾巴，也變得像松鼠般蓬鬆，此時，暑假的工作室化身成爬樹練習場，Lundi也能保持平衡地跳躍了。 將剝好的堅果給牠時，會迅速用手抓取送進嘴裡的樣子，真的是太可愛了…。 牠記得箱子角落是廁所、認得大家的臉，因而在附近聲名大噪，幾乎每天都有鄰居們來看牠。 但是，總有一天必須回歸大自然，一想到分離的那天，就忍不住感到非常難過。

　　吃好玩好地長到了185g重，保護團體的人說Lundi已經達到必須回歸自然的極限了，八月的某一天，終於把Lundi放到花園石桌旁的橡樹上。 牠不可思議地凝視了自然廣闊的

世界片刻後，馬上就順著樹枝爬上我搆不到的地方了。 40天的松鼠保母告終。

　　周邊葡萄收成結束、核桃掉落的秋天過後，我凝望著窗外冷風吹過枯木的晚秋，想到那小身軀應該會很冷吧，無論看到什麼都會想起Lundi。 牠返回森林後，我就無法再去看那些幫牠拍攝的照片跟影片了，直到十二月的聖誕節早上，我將回憶製作成影片上傳到部落格。 然後含淚看著影片想念Lundi，收到了許多的回應。 大家都是熱愛自然及動物的人。

　　即使在過了好幾年的現在，Lundi的橡木上還掛著牠成長的小屋和飼料箱。 在後園茂密松樹上，棲息著每天早上飛奔穿越石桌的松鼠們。 我深信這一定是Lundi跟牠的家人們。雖然已經無法再撫觸牠那毛茸茸的尾巴，但還是能在窗後悄悄地看著牠們。 正因為這件事，之後對森林以及棲息於其中的動物們更覺得可愛親切。

　　核桃、榛果、松子、葵花子、杏仁果...這些堅果都層疊上我對Lundi的回憶。 希望森林永遠豐盛茂密，也能持續不斷為動物們帶來自然的恩賜，剝著動物們剩餘分給我堅果殼，今天也用來製作糕點。

Lundi

IV

牛軋糖
Les Nougats

雖然牛軋糖會因國家而略有差異，法國有著黑白2種牛軋糖。普羅旺斯地方的聖誕（Noël）時節，會準備13種的糕點，其中不可少的就是白色和黑色的牛軋糖。白色是「蒙特馬利爾牛軋糖 Nougat de Montélimar」。十七世紀時，冠以剛開始杏仁果栽植，南法的市鎮名，用熬煮的薰衣草蜂蜜和打發蛋白霜，凝結堅果和乾燥水果製成的軟質牛軋糖。另一種，黑的「黑牛軋糖 Nougat noir」，是熬煮成深濃褐色的焦糖化蜂蜜，凝固杏仁果而成的硬質牛軋糖。若說焦糖堅果的製作方法是焦糖沾裹堅果，那麼黑牛軋糖的製作方法則是用焦糖聚合凝固堅果。來自堅果森林的配方，以恰好能製作的最少焦糖量，製作出不黏牙、硬脆的黑牛軋糖。同時也介紹以相同步驟就能製作的「核桃軟焦糖」。法國的牛軋糖，雖然有一說是起源於十六世紀的蜂蜜漬核桃，但其實是焦糖用奶油或鮮奶油製作成霜狀，以此浸漬核桃所發想製作出來的。無論哪一種，都請使用美味的蜂蜜來製作。

堅果森林的黑牛軋糖

隱藏的提味是醬油，營造出隱約的懷舊風味。

是一款輕敲即碎的配方比例。

材料

(約10×8×1.5cm的空罐模型1個 *1、或是∅7cm的環形模2個)

杏仁果、腰果(*2)⋯混合共100g

a 細砂糖⋯10g
　│ 紅糖(或蔗糖)⋯5g

b 水麥芽⋯7g
　│ 蜂蜜⋯7g

水⋯約3ml

醬油⋯3～5滴

*1 只要能放入堅果100g且可以略爲堆疊形成山形,即使尺寸大小不同也沒關係。照片中,使用的是油漬沙丁魚的空罐。

*2 雖然很建議使用腰果來增加柔軟度,但也可以選自己喜歡的堅果來製作。選用3、4種堅果也可以。

工具

- 鍋子(∅約18cm的單柄鍋較容易使用)
- 橡皮刮刀(或木杓)
- 舖放布巾的砧板
- 耐熱厚棉手套,或烤箱手套、厚質布巾
- 空罐、或模型、環形模
- 烘焙紙

保存方法

完全冷卻後,避免潮濕地連同乾燥劑
一起密封保存。

1 烘焙紙切成空罐模型的3倍大小,弄成皺摺狀舖入罐中(使能貼合空罐)。放在舖有布巾的砧板上(*)。

2 用低溫烤箱、麵包小烤箱或平底鍋烘烤堅果(請參照p.14)。以此保溫。

3 在鍋中放入 **a**,上面再放入 **b**。添加用量的水份,待全體濕潤。用中火加熱,煮至細砂糖融化產生氣泡爲止。不加以攪拌,僅晃動鍋子使全體均勻。

4 再繼續熬煮至產生濃稠變成茶褐色後(p.15的「焦糖③」),熄火,滴入醬油,放入 **2** 全部的堅果。立刻用橡皮刮刀混拌,使其裹上焦糖。

5 趁熱取出放入預備好的空罐內。覆蓋上烘焙紙,用戴上厚棉手套的手(或覆蓋厚的布巾)用力按壓使材料緊實填滿。

6 在尚有餘溫仍柔軟時,從罐中取出,依個人喜好分切。

*下點工夫使其不容易冷卻,保持溫熱。直接放置在冰冷的不鏽鋼板等,若急速地冷卻,就會失去按壓使其緊實的時機。

可以利用來製作的空罐尺寸,是可以裝入100g堅果,且裝入後略爲堆疊形成山形隆起的程度。趁熱施以壓力使其凝固。

Les Nougats
牛軋糖的
搭配變化

紅茶風味的
黑牛軋糖

米餅牛軋糖

堅果霰餅牛軋糖

無論哪一款都與「堅果森林的黑牛
軋糖(p.63)」的步驟相同。只是
「堅果和霰餅的牛軋糖」不填入模
型中，凝固成一口可享用的大小。

紅茶風味的黑牛軋糖

法國人最喜歡的風味紅茶，
添加了橘皮。
搭配堅果讓香氣更柔和。

材料（「堅果森林的黑牛軋糖」相同）

杏仁果、榛果（混合）…100g
紅茶茶葉 … 約2g（約1小匙）
檸檬、或橙皮（磨碎）… 少許
a 細砂糖 …10g
│ 紅糖（或蔗糖）…5g
b 水麥芽 …7g
│ 蜂蜜 …7g
水 …5ml
鹽 … 少許（0.5g）

* 紅茶，使用的是伯爵茶或肉桂等風味紅茶。用磨缽細細研磨，或是從一開始就使用茶包倒出的細末狀茶葉。

* 切開牛奶盒做成細長模型，使其凝固成形。茶包放入與牛軋糖一起保存，可以轉移更多香氣。

堅果霰餅牛軋糖

是能搭配咖啡，日本茶也很適合的糕點。
將每塊個別包成糖果狀，
也能當成饋贈的小禮物。

米餅牛軋糖

玄米製成的米香與花生混合，
讓完成時的口感更輕盈。與可可碎豆混合、
沾裹巧克力等，"米餅"也變身法式風味。

材料（ϕ7cm的圓形模，
或6cm方形模3個）

花生 …20g（切成粗粒）
可可碎豆（若有的話）…10g
玄米香 …20g
a 細砂糖 …20g
奶油 …5g
b 蜂蜜 …6g
水 …3ml
巧克力（個人喜好）… 適量

材料（約20個）

個人喜好的堅果（照片中是
杏仁果和腰果）…60g
a 細砂糖 …35g
鹽 … 少許（0.5g）
奶油 …12g
b 水麥芽 …7g
│ 蜂蜜 …3g
水 …10ml
霰餅（柿種小米果）…25g

* 花生和可可碎豆用平底鍋輕輕拌炒，與玄米香混合。玄米香是將玄米製成米香的點心。也有市售可用於糕點製作的現成品，建議使用適合搭配穀麥類，輕盈且帶甜味的種類。

* 奶油，在細砂糖融化開始呈色時添加。

* 可可碎豆有微苦細緻的後韻。若沒有時，可以單面蘸融化的巧克力。使用巧克力鏡面淋醬（Pâte à glacer），可以更容易操作。

* 放入模型後用刮勺按壓，因此形狀簡單的餅乾模型也可以使用。

* 細砂糖融化開始呈色後，加入鹽和奶油，步驟**4**焦糖化第1階段之前（p.15的「焦糖②」）加入烤焙過的堅果和霰餅，一邊混合一邊進行焦糖化。取出攤平在烘焙紙上，趁熱用刮勺或筷子等份成喜好的大小，放至完全冷卻。

* 因為容易受潮，因此就算每塊各別用紙包妥，也必須再放入密閉容器內保存。

核桃軟焦糖

步驟幾乎相同，但只要添加了鮮奶油和奶油，就能改變享用的樂趣。

香甜與微苦，恰到好處呈現的焦糖化。

材料（約150g）

核桃 … 50g

細砂糖 … 45g

水 … 10ml

a 水麥芽 … 8g
⎪ 蜂蜜 … 8g

b 鮮奶油 … 70g
⎪ 奶油 … 10g

c 香草莢取出籽（*）… 少許
⎪ 鹽 … 少許（1g）

＊若細砂糖使用的是香草糖（請參照 p.93），就不需
要加。用香草莢油也很好。

工具

● 鍋子（∅18～22cm的單柄鍋較容易使用）
● 橡皮刮刀（或木杓）
● 耐熱容器

保存方法

在仍微溫柔軟時移至保存容器內，
置於冷藏室保存。

1 核桃用低溫烤箱、麵包小烤箱或平底鍋烘烤至
略微呈色（請參照 p.14）。去除核桃的薄皮，可
以消除澀味。切成喜好的大小。

2 將 **b** 放入耐熱容器內，用微波爐加熱至奶油融
化並變熱。

3 在鍋中放入細砂糖，上面放入 **a**。添加配方份
量的水，待全體濕潤。用中火加熱至細砂糖融
化成為糖漿，熬煮至產生氣泡為止。不加以攪
拌，僅晃動鍋子使全體均勻。

4 再繼續熬煮至產生稠濃變成茶褐色後（p.15的
「焦糖③」），暫時熄火。

5 會有熱氣升騰，因此要避免燙傷地加入半量的
b。全體混拌後，再加入其餘的 **b** 混拌。

6 再次用中火加熱，放入 **c**，邊混拌邊熬煮。熬
煮至使用刮杓劃開時痕跡不會立即消失的程
度，之後可熬煮至個人喜好的稠度，熄火，加
入核桃混拌。

Les Nougats

大量澆淋在
烤麵包上

沾裹烤年糕。
在核桃軟焦糖中混入味噌，
撒上七味辣椒粉
也十分合拍。

與市售的
香草冰淇淋混拌，
作成大理石紋狀。

焦糖核桃塔／焦糖核桃夾心

想要輕鬆地享受核桃軟焦糖時,可以利用市售的餅乾或塔麵團。

請務必試試在「核桃軟焦糖」中搭配上香甜、風味、口感俱佳的自製塔麵團。

材料（∅5cm的圓形壓模 8 個，
或約 5.5×3cm 的葉片夾心餅乾 8 個）

「核桃軟焦糖（p.67）」… 全量
塔麵團
┌ 奶油（無鹽）…30g（置於25℃左右的室溫）
│ 糖粉 …25g
│ 鹽 … 少許（約1g）
│ **a** 蛋黃 …1/2 個
│ ├ 檸檬皮碎、或杏仁油 … 少許
│ **b** 低筋麵粉 …60g
└ ├ 泡打粉 … 少許（0.5g）

準備

♦ 混合過篩 **b** 備用。

1 奶油回溫成橡皮刮刀可插入的軟硬度後，放入缽盆中。用茶葉濾網過篩糖粉加入，用攪拌器混拌。待成為滑順狀態時加入鹽混拌。

2 加入 **a**，以攪拌器混拌。

3 接著加入 **b**，改以橡皮刮刀，由缽盆的周圍開始像是用粉類覆蓋奶油般地層疊，之後用橡皮刮刀如切開般混拌，整合成團。若仍有粉類殘留時，可以加入1/2小匙左右的牛奶（用量外）滲入整合。用橡皮刮刀的表面將麵團像磨擦般地攤平在缽盆中排除結塊，重覆3次。用保鮮膜包覆靜置於冷藏室3小時～一晚。

4 整型麵團。為了更容易操作略放置於室溫後，輕輕撒上手粉（用量外），用擀麵棍隔著保鮮膜擀壓成4～5mm厚。擀壓方便操作的份量即可。

5 做成圓形小塔餅時，用手按壓圓形模（或菊型模），按壓內圈餅皮，則以尺寸略小一圈，底部平整的筒狀物（瓶、杯、罐等），底部撒上手粉（用量外），像蓋印章般慢慢在中央部分按壓出凹糟，再用叉子刺出孔洞。製作餅乾，以模型按壓時，以2片為一組，需要壓出偶數片。

6 再次放入冷藏室，冷卻至可以用手拿取的程度。以170℃預熱烤箱。在烤盤上舖放烘焙紙。

7 將麵團排放在烤盤上，放進烤箱內，烘烤18～20分鐘，烘烤至全體呈現金黃色澤。

8 冷卻後，舀取適量的「核桃軟焦糖」擺放在圓形塔餅內，或用2片餅乾包夾。

焦糖核桃棒

與瑞士的核桃糕點 Engadiner Nusstorte 十分相似,廣受好評。
用麵團包裹「核桃軟焦糖」,或不同的堅果軟焦糖烘焙而成。

材料（14cm方型模1個）

核桃棒內餡

　核桃 …80g（烤焙後切成1cm略小的塊狀）

　細砂糖 …65g

　水 …7～8ml

　a 水麥芽 …45g

　│ 蜂蜜 …12g

　b 鮮奶油（乳脂肪成份45%左右）…100g

　│ 奶油 …20g

　│ 檸檬皮（磨碎）…1/2個

　c 香草莢取出籽（*）…少許

　│ 鹽 …少許（1g）

麵團

　奶油（無鹽）…40g（置於25℃左右的室溫）

　d 蔗糖（或紅糖）…20g

　│ 細砂糖 …15g

　雞蛋 …30g

　e 香草莢取出籽（*）…少許

　│ 鹽 …少許（1g）

　f 低筋麵粉 …100g

　│ 泡打粉 …少許（0.7g）

光澤用蛋液（雞蛋1小匙、水1/2小匙）

*若細砂糖改用香草糖（請參照p.93）時則可省略。
使用香草莢油也可以。

準備

◆ 用烘焙紙製作p.94的模型紙。
　（可以輕鬆延展麵團，不會浪費。也不需要手粉）

◆ 在模型中舖放烘焙紙。

◆ **d**、**f**各別混合過篩備用。

1 製作麵團。奶油回溫成橡皮刮刀可插入的軟硬度後，放入缽盆中。分二次加入**d**，每次加入都用攪拌器混拌。

2 雞蛋分二次加入，每次加入後都充分混拌。加入**e**混拌，接著加入**f**，改用橡皮刮刀，如切開般混拌。至幾乎看不到粉類後，用橡皮刮刀的表面將麵團像磨擦般地攤平在缽盆中排除結塊，重覆3次。

3 用預備好的模型紙包夾麵團擀壓。連同模型紙用保鮮膜包覆靜置於冷凍室30分鐘以上。

4 核桃棒內餡和「核桃軟焦糖（p.67）」相同的步驟製作。不同之處在於熬煮程度稍早一點就停止，加入**c**混拌，再沸騰後2～3分鐘（102～105℃），在鍋底墊放冰水使其冷卻。

5 由冷凍室取出**3**的麵團，在冷凍狀態下分切成各別所需的大小，舖放在模型底部、側面。置於冷凍室再稍加冷卻。

6 待**5**的麵團稍稍變硬後，放入**4**平整表面，避免空氣進入地覆蓋上其餘的麵團。四周用叉子尖端按壓使其確實貼合。刺出孔洞，置於冷藏室30分鐘～一晚。

7 以170℃預熱烤箱。用毛刷將光澤用蛋液刷塗在**6**上，放入烤箱，過程中若有膨脹起來的地方，可用竹籤等刺入排出空氣，烘烤20分鐘後，降溫至160℃，再烘烤10～15分鐘，待全體烘烤至呈現金黃色澤。

8 冷卻後，脫模用鋁箔紙包覆，置於冷藏室充分冷卻後（可能的話靜置一晚），再切分成個人喜好的大小。

Les Nougats

巴斯克巧克力焦糖

巴斯克地方稱作"Kanougas"，具有爽脆嚼感，同時又柔軟的牛奶糖。
依照「核桃軟焦糖（p.67）」的步驟，在配方上多下點工夫就是"Kanougas"。

材料（10×7cm 模型 1 個＝ 10 ～ 12 個）

核桃 … 20g

a 細砂糖 … 15g
│ 水 … 5ml

b 細砂糖 … 20g
│ 蔗糖 … 15g
│ 水麥芽 … 20g
│ 蜂蜜 … 5g
│ 鮮奶油（乳脂肪成份 45% 左右）… 40g
│ 奶油 … 10g
│ 鹽 … 少許

黑巧克力（可可成份 70% 以上 *）… 10g
牛奶巧克力（可可成份 35 ～ 45%）… 20g

＊可可塊（Pâte de cacao）也可以

準備

♦ 在模型中舖入烘焙紙。模型可以用容量相同的代用，也可以動手用牛奶盒製作。500ml 的牛奶紙盒縱向切成 3cm 寬。橫向放倒後，盒口處折疊以訂書機封住，成為 10×7cm 的長方型。

1 核桃用低溫烤箱、麵包小烤箱或平底鍋烘烤至略微呈色（請參照 p.14）。用手掰成 1.5cm 左右的大小。

2 混合全部 b 的材料，用微波爐或中火加溫至變熱。

3 在鍋中放入 a。待全體濕潤。用中火加熱，不加以攪拌，僅晃動鍋子使全體均勻。待產生濃稠變成茶褐色後（p.15 的「焦糖③」），暫時熄火。

4 加入 b，混拌全體，再次用中火加熱，至產生濃稠（110 ～ 113℃），熄火。

5 待降溫後，加入黑巧克力和牛奶巧克力、核桃混拌，倒入模型中置於室溫下凝固，分切成 10 ～ 12 等份，或切成喜好的大小。

Les Nougats

V

牛軋汀
Les Nougatines

法語字尾加上「…tine」或「…net」，是小的東西，或帶有可愛東西的意思。Nougatines 是「牛軋糖之子」或是「小牛軋糖兒」吧。不只是添加了蛋白霜的白牛軋糖，還有黑牛軋糖薄片，輕薄香脆容易破碎的甜點。趁熱時可以自由地塑形，因此也經常運用作為糕點的搭配素材。節慶時必備，以蘸上焦糖堆疊高高的泡芙塔 Pièces montées，最具代表性。「堅果森林的牛軋汀」是將杏仁片緊實地壓入奶油焦糖中製成板狀。用焦糖凝固堅果的糕點，包括中東的糖果或是日本添加堅果的米餅等，在世界各地廣受喜愛，充分感受到它的魅力與風味，也可以由各地的口味來思考激發新的搭配組合。

Nougatine Fine Aux Amandes

堅果森林的牛軋汀

儘可能薄薄延展，營造出輕盈的口感。
抑制入口的甜度，宛如無法抗拒小惡魔般的誘人茶點。

材料 (14cm的方形1片)

杏仁片 …35g

細砂糖 …35g

a 水麥芽 …3g
│ 蜂蜜 …3g

水 …8ml

奶油 …12g

鹽 … 少許 (約0.5g)

巧克力 (依喜好) … 適量

工具

* 鍋子 (∅18～22cm的單柄鍋較容易使用)
* 橡皮刮刀 (或木杓)
* 烘焙紙
* 布巾
* 平底鍋
* 擀麵棍

保存方法

完全冷卻後，避免潮濕地連同乾燥劑一起密封保存。

準備

♦ 工作檯上鋪放布巾，攤開烘焙紙備用 (*)。

♦ 過程中溫熱用，先用極小火將平底鍋溫熱備用。

＊寒冷的季節，為了避免迅速冷卻變硬，也可以在砧板上放置布巾和烘焙紙。

1 杏仁片用低溫烤箱、麵包小烤箱或平底鍋烘烤至略微呈色的程度。

2 在鍋中放入細砂糖，上面放入 **a**。添加配方份量的水，待全體濕潤。用中火加熱至細砂糖融化成為糖漿，熬煮至產生氣泡為止。不加以攪拌，僅晃動鍋子使全體均勻。

3 再繼續熬煮，待全體淡淡呈色 (p.15的「焦糖①」)，加入奶油和鹽，用刮杓混拌。融化奶油的大氣泡消失，立刻加入杏仁片，不斷地混拌至顏色變深 (p.15的「焦糖②」)，熄火，混拌。

4 取出攤平至鋪好的烘焙紙上半部，下半部折疊覆蓋牛軋汀，用擀麵棍迅速薄薄地擀壓延展。過程中若變涼凝固，可連同烘焙紙一起移至溫熱的平底鍋中，軟化後再繼續進行作業。

5 趁著仍有溫度時，用刀子從烘焙紙上依個人喜好的大小劃入切紋，待完全冷卻後再切開，或是依個人喜好地掰開。也可以融化巧克力，將牛軋汀的一部分浸入蘸裹上巧克力。

＊照片是擀壓成14cm的正方形後，縱向橫向各分切成4等份。用烘焙紙折出紙模，在14cm正方形紙模中擀壓，就能延展成漂亮的正方型。紙模請參照 p.94 製作。

＊在容易受潮的季節，更要特別迅速地完成。若無法變得香脆且仍會沾黏時，可以用低溫烤箱或麵包小烤箱略略烘烤。

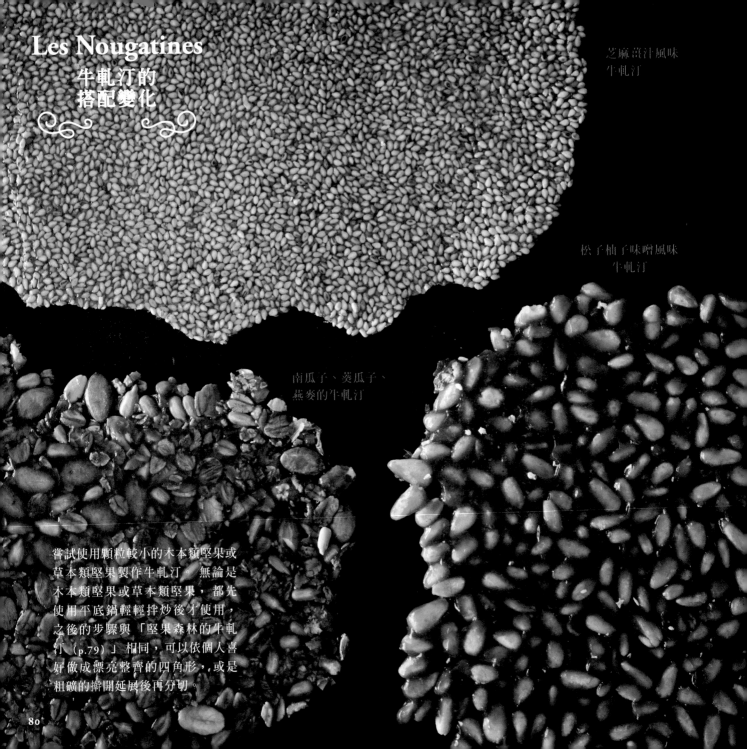

Les Nougatines
牛軋汀的
搭配變化

芝麻醬汁風味
牛軋汀

松子柚子味噌風味
牛軋汀

南瓜子、葵瓜子、
燕麥的牛軋汀

嘗試使用顆粒較小的木本類堅果或
草本類堅果製作牛軋汀。無論是
木本類堅果或草本類堅果，都先
使用平底鍋輕輕拌炒後才使用，
之後的步驟與「堅果森林的牛軋
汀（p.79）」相同，可以依個人喜
好做成漂亮整齊的四角形，或是
粗礦的擀開延展後再分切。

芝麻薑汁風味
牛軋汀

芝麻的粒狀口感在口中彈跳。
薑與醬油隱約的提味,
與焦糖組合成絕妙美味。

材料 (14cm方形1片)

炒香芝麻(白)…35g

細砂糖…35g

a 水麥芽…3g
│ 蜂蜜…3g

水…8ml

芝麻油(太白胡麻油)…4g(1小匙)

b 醬油…3滴(約2g)
│ 薑汁…3～5g(略少於1小匙)

＊ 芝麻重新略略拌炒。用芝
麻油取代奶油、用 **b** 取
代鹽加入。

南瓜子、葵瓜子、
燕麥的牛軋汀

用蔗糖和蜂蜜製成的焦糖,
將這些田地裡的恩賜凝結在一起。
各式風味綜合出令人齒頰留香、樂在其中的焦糖牛軋汀。

材料 (14cm方形1片)

南瓜子和葵瓜子(混合)…25g

燕麥(或燕麥片)…10g

細砂糖…25g

蔗糖(或細砂糖)…10g

a 水麥芽…3g
│ 蜂蜜…3g

水…8ml

椰子油(若沒有,就使用奶油)
　　…4g(1小匙)

鹽…少許(0.5g)

＊ 種籽類堅果、燕麥輕
輕拌炒。

＊ 燕麥片是指 Oatmeal。

松子柚子味噌風味
牛軋汀

味噌的風味和鹹味,
超乎意外地與焦糖絕配。
松子香氣也很適合搭配日式風味。

材料 (14cm方形1片)

松子…35g

細砂糖…30g

黑糖…5g

a 水麥芽…3g
│ 蜂蜜…3g

水…8ml

芝麻油(太白胡麻油)
　　…4g(1小匙)

味噌…2g(1/3小匙)

柚子皮碎…1/2個

＊ 松子用平底鍋拌炒。
用芝麻油取代奶油。
以少許(用量外)的水
融化味噌,來取代鹽
加入。添加柚子皮碎,
確實揮發水份完成
製作。

VI

利用焦糖堅果與同伴們來製作
糕 點 的 饗 宴

法式糕點，在強調食材的同時，整體風味也
非常重要，一小口包含了各種滋味、香氣、
質地與口感，讓人沈醉不已。始於法國的焦
糖堅果，在初夏邂逅了傳遞季節的各式莓果，
結實累累的堅果收成，橫跨聖誕節，迎向巧
克力、香料以及利口酒等，更添加風味層次，
是一整年糕點製作絕不可少的重要存在。

聖誕餐桌

說明 p.88～89

聖誕糕點的
裝飾

聖誕蛋糕卷

堅果森林的
焦糖堅果泡芙

83

初夏的午茶時光 製作方法 p.85～87

蜜桃梅爾芭的
果仁糖聖代

紅綠杯子蛋糕

堅果森林的
櫻桃塔

蜜桃梅爾芭（Peach Melba）的果仁糖聖代

若有焦糖堅果、果仁糖、牛軋汀、添加帕林內的冰淇淋等，
搭配喜歡的水果和打發鮮奶油，就能做成特製的聖代。
在此介紹一道活用杏仁果與桃子特色的聖代。

1 市售混合了「堅果森林的果仁糖（p.36）」
   的綜合穀麥（Granola），或是預備自製
   的成品。

2 增添黃桃罐頭的風味。黃桃罐頭的糖
   漿、細砂糖（糖漿的10%）、伯爵紅茶
   包一起煮至沸騰，加入杏仁油。若有
   櫻桃白蘭地，可以在降溫後添加，充
   分冷卻備用。

3 鮮奶油加入細砂糖打發。取一部份備
   用，其餘與瀝乾水份的優格混合。

4 在杯中依序地疊放 1 的綜合穀麥、3 的
   優格鮮奶油，舀入覆盆子泥和香草冰
   淇淋（如果有的話）、填滿「帕林內冰
   淇淋（p.55）」的黃桃，再堆疊其餘的
   優格鮮奶油和覆盆子果泥，撒上「開
   心果果仁糖（p.49）」，搭配 1 小塊「堅
   果森林的牛軋汀（p.79）」。再用薄荷葉
   裝飾。

家庭自製綜合穀麥（Granola）

在平底鍋中倒入太白胡麻油（若
有，也可以用椰子油）15g（1又
1/3大匙）、蜂蜜1大匙，用中火
加熱，加入燕麥75g、少許的鹽
拌炒，取出攤平放涼後，依個人
喜好添加水果乾、「堅果森林的
果仁糖（p.36）」共計50g左右，
混拌即可。

堅果森林的櫻桃塔

將櫻桃做成入口即化的糖煮水果，
「杏仁果、可可碎豆果仁糖」的微微苦甜與添加可可的塔皮，
呈現「黑森林 Fôret noire」的風味。

材料 (ϕ6cm 6～7個)

麵團
塔麵團
奶油(無鹽)…30g
　(置於25℃左右的室溫)
蔗糖(或糖粉)…25g
鹽…少許(約1g)
a 蛋黃…1/2個
　│ 可可粉…2g(1小匙)
b 低筋麵粉…60g
　│ 泡打粉…少許(0.5g)

搭配材料
蛋白、或牛奶…適量
「杏仁果、可可碎豆果仁糖
　(p.49)」…適量

糖煮櫻桃
櫻桃罐頭…1罐(實際重量300g)
c 罐頭糖漿…60ml
　│ 細砂糖…20g
　│ 香草莢取出籽(若有)…少許
　│ 檸檬汁…1/4個
玉米粉…3g(1又1/2小匙)
櫻桃白蘭地…25ml
杏仁油…少許

卡士達醬
d 蛋黃…1個
　│ 細砂糖…25g
　│ 低筋麵粉…10g
牛奶…130g
e 鹽…少許
　│ 奶油…10g
　│ 櫻桃白蘭地…少許
鮮奶油(乳脂肪成份45%左右)
　…35g

1 製作糖煮櫻桃。將 **c** 放入耐熱容器內，用微波爐加熱約1分鐘至沸騰。用櫻桃白蘭地溶解玉米粉，加入容器內充分混拌，加熱30秒後混拌，重覆此步驟至糖漿清澄且產生濃稠。加入櫻桃和杏仁油，大致混拌，再加熱約30秒，降溫。置於冷藏室冷卻備用。

2 製作塔麵團。將「焦糖核桃塔(p.71)」的檸檬風味塔麵團作成可可風味，用相同方法製作麵團，整型成 ϕ6cm 的小塔餅形狀(請參照 p.71)，置於冷凍庫冷卻凝固。

3 用微波爐製作卡士達醬。在耐熱容器中放入 **d** 混合備用。用微波爐加熱牛奶，少量逐次地加入並以攪拌器或橡皮刮刀混拌。以微波爐加熱1分鐘，儘量使蒸氣揮發地大動作攪動混拌。再次微波1分鐘、之後是30秒，每次都同樣地混拌。放入 **e** 混拌，移至另外的容器內降溫。用保鮮膜緊貼表面地包覆，再放上保冷劑，底部墊放冰水急速冷卻。

4 **2** 的小塔皮邊緣刷塗蛋白或牛奶，將「杏仁果、可可碎豆果仁糖」平舖在小碟子上，將麵團正面朝下地覆蓋並按壓，讓塔皮周圍沾黏上果仁糖。底部略略刺出孔洞。

5 以180℃預熱烤箱，將 **4** 的小塔皮烘烤3分鐘，降溫至170℃，再烘烤約15分鐘。完全冷卻。

6 確實打發鮮奶油，與冷卻後攪拌軟化 **3** 的卡士達醬混合拌勻。用湯匙舀入盛放在 **5** 的小塔內，擺放糖煮櫻桃。

紅綠杯子蛋糕

紅色是草莓和大黃、綠色是「開心果果仁糖」。
還使用了大量「堅果森林的果仁糖」作為搭配裝飾。

材料（瑪芬模5個）

麵糊

奶油（無鹽）…70g（置於25℃左右的室溫）
a 紅糖（蔗糖）…30g
   細砂糖 …40g
   鹽 …少許
雞蛋 …1個
原味優格 …25g
b 低筋麵粉 …100g
   泡打粉 …3g
   肉桂粉 … 少許
香草莢取出籽（*1）… 少許
牛奶 …15g（置於室溫中）

填餡

c 草莓 …70g（切成1～2cm的丁）
   大黃（*2）…40g（切成1～2cm的丁）
   細砂糖 …25g
玉米粉 …3g（1又1/2小匙）
櫻桃白蘭地 …5ml
「堅果森林的果仁糖（p.36）」…5大匙
「開心果果仁糖（p.49）」… 適量

*1 若細砂糖使用的是香草糖（請參照 p.93），就不需要。用香草精油也很好。
*2 若沒有大黃（Rhubarbe），可以將此份量改用草莓。

準備

◆ 模型中放入瑪芬用紙杯。
◆ 預備5個 φ7cm的環形模，或是以鋁箔紙包覆厚紙製成環形使用。請參照 p.92。

1 混合填餡材料的 **c**，用微波爐加熱（約以1分15秒～1分30秒為參考）使其沸騰。取出後加入以櫻桃白蘭地溶解的玉米粉，再次微波加熱1分鐘，冷卻備用。取出5大匙作為裝飾配料備用。

2 以180℃預熱烤箱。

3 奶油回溫成橡皮刮刀可插入的軟硬度後，放入缽盆中，用橡皮刮刀攪拌。分二次加入完成混合的 **a**，改用網狀攪拌器，每次加入後都均勻混拌。

4 分二次加入攪散的雞蛋，每次加入後都均勻混拌。加入混拌後的優格、過篩的 **b**、放入香草籽，橡皮刮刀直立彷彿切開般大動作混拌。在仍留有粉類時，加入牛奶，混拌至粉類完全消失的程度。若仍留有粉類時，可略補入牛奶（份量外）。

5 麵糊均勻後，將 **1** 的填餡舀入撒放在 **5** 處，用橡皮刮刀劃出紋路般地混拌成大理石紋，分別舀入瑪芬用紙杯中。套上環形模。

6 擺放預留的裝飾用填餡，撒上「堅果森林的果仁糖」，放入烤箱。降溫至170℃，參考標準是烘烤20～30分鐘，烘烤至竹籤刺入後取出不會沾黏麵糊為止。

7 降溫後，撒上「開心果果仁糖」。

聖誕糕點的裝飾 (p.82)

森林的聖誕時節，會準備許多焦糖堅果。餅乾的裝飾，是麵團烘烤成環形、
用融化巧克力點綴各種果仁糖、或是在小型烤好的餅乾上裝飾一顆焦糖堅
果。用吸管等在烘烤前的麵團上開個洞，以便能繫上緞帶，將「核桃軟焦糖
(p.67)」夾入葉片狀的餅乾中也很棒。從松鼠 Lundi 出現的那年開始，烘烤
成松鼠形狀的餅乾更是不可少。還有 Lundi 手上拿著焦糖堅果（沾裹巧克力）
的餅乾。餅乾是用「焦糖核桃塔(p.71)」的麵團，以自己喜歡的壓模按壓後
烘烤。

聖誕蛋糕卷
Bûche de Noël (p.82)

聖誕節不可或缺柴薪形狀的蛋糕卷，就捲入了
p.52介紹的「果仁糖鮮奶油餡」，作法很簡單。
要準備「堅果森林的帕林內(p.52)」與倍量的
鮮奶油(儘可能使用乳脂肪45%左右的種類)。
首先將帕林內混拌1/3用量的冰冷鮮奶油至鬆
軟後，再加入其餘的鮮奶油，以手持電動攪拌
機打發至七～八分發。表面再抹上以「帕林內
巧克力醬 Pralinoise」製作的帕林內巧克力鮮奶
油。製作方法是預備「帕林內巧克力醬」和倍
量的鮮奶油，先將半量的鮮奶油加熱後，放入
「帕林內巧克力醬」中混拌至融化，冷卻。加
入其餘鮮奶油混拌，靜置於冷藏室一夜。翌日
再打發至七～八分發使用。

堅果森林的焦糖堅果泡芙 (p.82)

充滿堅果風味的泡芙，特別在秋冬更讓人倍覺美味。在泡芙麵
團上放「果仁糖奶酥(p.47)」再烘烤。用3：2：2的比例混合
卡士達醬、軟化的奶油、「堅果森林的帕林內(p.52)」，添加少
許干邑白蘭地或蘭姆酒等增添香氣，連同打發鮮奶油一起填入
泡芙內。

焦糖堅果與同伴們製成的小伴手禮

放入食品用透明袋內，將開口與底部呈垂直方向封起，包裝成三角錐的形狀。建議用於容易破碎的餅乾包裝。

久違地回到日本後，覺得百元商店眞的是寶山。圓筒型的容器，很建議用於保存。

因爲是珍貴的森林恩賜，因此用了華麗的包裝。各種焦糖堅果、「巧克力焦糖堅果(p.20)」、「堅果霰餅牛軋糖(p.64)」等，以食品用透明袋密封後包裝。

切開食品用透明袋，將牛軋糖包裝成糖果形狀。「焦糖核桃棒(p.72)」、「巴斯克巧克力焦糖(p.72)」都很適合這樣的包裝法。

切除紙杯口較硬的部分，間隔與
長度均勻的剪入切紋，向內折疊，
每一片都用膠帶封住貼合。

放入果仁糖的綜合穀麥類 Granola
（p.38、p.85）做成早餐盒的風格。水
平地切下紙杯口，放入內容物，然
後用膠帶封住開口。插入小湯匙。
佐以牛奶就是完美的早餐了。

像「焦糖核桃棒（p.72）」般能切成
四角形的成品，排放後再加上茶
包一起包好。

放入有透明小窗能看見內容的糕點紙袋，
讓人更加小心避免弄碎地完美帶回家。袋
子一端有著和我家狗狗很像的插畫，是我
非常喜歡的一款。

起司的木盒，最適合用來填裝饋贈用餅乾。
配合尺寸烘烤，就能不留間隙地填滿盒子，
也不容易破碎。照片是「聖誕糕點的裝飾
（p.82）」餅乾系列。

工具與材料的重點

◇ 焦糖堅果、果仁糖使用的鍋子

食譜是以 $\phi18\sim20$cm的單柄鍋方便製作的份量。建議使用熱傳導力佳，能迅速反應火力強弱的鍋子。需要重覆進行氣力十足地攪拌、將鍋子離火、靠近加熱等動作，在加熱時拿取鍋子，建議使用單柄較方便。平底鍋雖然適合堅果加熱跳動與空氣混拌時使用，但要注意堅果也會因此容易飛濺出去，鍋子底部較寬廣，糖漿的焦糖化也會更迅速。琺瑯材質有破裂的可能，請避免使用。氟鐵龍加工或不可空鍋加熱的鍋具也請勿使用。砂糖結晶必須氣力十足的混拌，因此無論使用什麼鍋具都會有細小的損傷。

◇ 水麥芽和蜂蜜的容器

把水麥芽和蜂蜜換個容器裝吧，如此量測時絕對更輕鬆愉快。聚乙烯分配瓶簡單就能在百元商店購得，若水麥芽或蜂蜜變硬，略略微波軟化後就能輕易替換了。

◇ 烤箱

以瓦斯的旋風烤箱為基準。烘烤溫度、時間，請依所使用的烤箱進行調整。

◇ 塑膠夾鏈袋的保存袋，兼作擠花袋
(p.25、43、57)

麵糊放入小型模型時，與其用湯匙舀取，不如以擠的方式更快速，也不會影響麵糊質地。很多時候需要進行冷卻步驟，因此選用保存與絞擠功能兼具的塑膠夾鏈袋。將袋口翻折地套入杯子(p.25)，就能容易地填裝麵糊。用刮杓或刮板將麵糊刮至袋子的一端成為三角形，排出空氣、閉合夾鏈口，在桌面上整型。剪開其中一個邊角，由此擠出來。不需要裝飾紋路，所以不需要擠花嘴。

◇ 鋁箔紙製的環形模
(p.47、87)

為了避免麵糊坍塌而想用環形模圍住烘烤時，可以用厚紙和鋁箔紙自製。$\phi7$cm時，將厚紙裁切成長25cm高2cm左右，捲成 $\phi7$cm後以訂書機固定，再包捲上5～6層鋁箔紙即可。可以重覆使用。

[堅果]

帶薄膜、無薄膜、烘焙過、新鮮等，無論哪一種都
能製作，但使用的都是不含鹽分的種類。

[低筋麵粉]

在日本烘烤糕點時，最喜歡使用100%法國產小麥
所製成「Écriture」的麵粉。成份其實是中筋麵粉，
但在糕點材料店或網購時，「Écriture」卻經常劃
分在糕點用低筋麵粉這個類別中。日本一般常見
的麵粉，像是「紫羅蘭 Violet」等，印象中可呈現
（潤澤、鬆軟、滑順、鬆脆、細緻），確實地烘烤
後可烘托出小麥的風味，十分推薦。使用「紫羅蘭
Violet」等麵粉，因粒子細容易產生麵筋而沾黏，
因此要控制雞蛋、牛奶、優格等水份的用量，並混
拌均勻。

[雞蛋]

基本食譜配方使用 M 尺寸，實際重量55g。食譜中
以 g 來標示是因為即使是5g左右的差異，也可能對
成品造成影響。多餘的蛋液，可以再加入其他雞蛋
中，美味地享用。使用的是附近放養的雞所生的雞
蛋，所以不希望有一絲一毫的浪費。剩餘的蛋白，
可以分成小份冷凍保存，自然解凍後，用於費南雪
或貓舌餅乾（Langue de chat）。

[香草糖]

刮除香草籽後的香草莢，邊角仍有
些殘留，放入細砂糖或蔗糖中保存。
香味移轉後作爲香草糖使用，即使
沒有香草莢也能有充分的香氣。

[家用香料]

法國人非常重視風味與香氣的調和。
焦糖堅果的風味，也會與周圍美好
香氣的食品搭配，能帶出更有層次
的甜味及濃郁感。添加各式香料、
柑橘類、薑、紅茶、咖啡，醬油、
味噌也是天然香料。醬油、味噌其
中的鹽分更能提引出甜味。作爲糕
點材料的杏仁油（法國是在藥局販
售）也是法國人最喜歡的香氣，堅果
糕點中更是經常使用。很推薦類似
杏仁豆腐般，具有新清香氣的商品。

紙模

牛軋汀 (p.79)

雖然粗略地展延分切也能樂在其中，但若想做出大小均等的正方形，就要用烘焙紙製作紙模。將熱的牛軋汀倒至紙模的上半部，正中間折起覆蓋牛軋汀，兩邊和上端都折起來，以擀麵棍擀壓出正方形。

＊趁還有溫度柔軟時以刀，從紙模上劃入割紋。

焦糖核桃棒 (p.73)

若使用紙模，就能幾乎不浪費地將材料延展開來。製作出有指示線（---）的紙模，對折（如右側左圖）。兩端用釘書機固定折成袋狀。放入整理攤成薄片的材料，折疊上端閉合開口，用擀麵棍擀壓成紙模大小。

＊右圖是14cm正方形的模型，但若是容量幾乎相同的方形模也可以代用，因此配合自己手邊既有的模型來製作紙模吧。也能應用在長方形的模型上。

＊沿著紙模上的指示線，裁切出紙模的上端、底部以及側面。

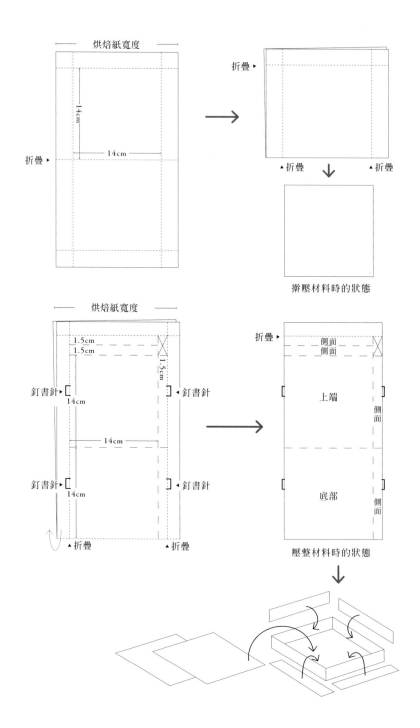

焦糖堅果和同伴們
少量也能製作

在法國，習慣將糕點製成大份量，像是大沙拉缽盆凝固的慕斯、或是烤盤上排滿各種水果的塔等。當親朋好友聚會用餐時，這些糕點都會被一掃而空。但在日本，我設計出少量製作的食譜配方。這是希望對於剛開始製作新的糕點、或是糕點剛入門製作的人，能以方便掌控的份量，輕鬆地開始嘗試。

以焦糖堅果為首，變化製作的同伴們，也有意識地以少量來製作食譜配方，不僅是方便堅果沾裹上焦糖的份量，也是在受潮或氧化前就能恰好食用完畢的量，所以應該很容易再製作第二次、第三次。若能多做幾次，堅果烘焙程度及焦糖的狀況，應該也能越來越純熟吧。

烘烤糕點，收錄的也是少量可製作的配方。若一開始就要大量進行，也真的需要勇氣，但少量的製作比較輕鬆。再者，材料的量較少，在融化巧克力或製作卡士達醬時，可以用微波爐簡單完成。打發鮮奶油或蛋白時，用強化玻璃杯或量杯，以1根攪拌棒的手持電動攪拌機攪打即可。擠花袋用塑膠夾鏈袋很簡單就能代用，模型也是用紙、鋁箔紙或牛奶盒就能完成。想要增量時，焦糖堅果和果仁糖，可以增量1.5倍，其他增量到2倍來製作。

我自己喜歡製作小型糕點，雖然製作大型糕點大家一起享用也很開心，但還是不太喜歡看到分切後崩塌不成型的樣子。就這點來看，一開始就做成小型的糕點，不但可以欣賞漂亮的整體，也很適合作為饋贈的小禮物。

Joy Cooking

誕生於法國的焦糖堅果·果仁糖·帕林內

作者　青山 翠

翻譯　胡家齊

出版者 / 出版菊文化事業有限公司　P.C. Publishing Co.

發行人　趙天德

總編輯　車東蔚

文案編輯　編輯部

美術編輯　R.C. Work Shop

台北市雨聲街77號1樓

TEL：(02)2838-7996　　FAX：(02)2836-0028

法律顧問　劉陽明律師　名陽法律事務所

初版日期　2021年11月

定價　新台幣340元

ISBN-13：9789866210822　　書　號　J146

請連結至以下表單填寫讀者回函，將不定期的收到優惠通知。

讀者專線　(02)2836-0069
www.ecook.com.tw
E-mail　service@ecook.com.tw
劃撥帳號　19260956 大境文化事業有限公司

FRANCE UMARE NO CARAMEL NUTS PRALINES by Midori Aoyama
Copyright © 2019 Midori Aoyama / EDUCATIONAL FOUNDATION BUNKA GAKUEN
BUNKA PUBLISHING BUREAU
All rights reserved.
Original Japanese edition published by EDUCATIONAL FOUNDATION BUNKA GAKUEN
BUNKA PUBLISHING BUREAU.
This Complex Chinese edition is published by arrangement with EDUCATIONAL
FOUNDATION BUNKA GAKUEN BUNKA PUBLISHING BUREAU, Tokyo in care of Tuttle Mori Agency, Inc., Tokyo.
Publisher: Sunao Onuma

誕生於法國的焦糖堅果·果仁糖·帕林內

青山 翠 著

初版 . 臺北市：出版菊文化 2021　96面；21×20公分

(Joy Cooking系列；146)

ISBN-13：9789866210822

1.點心食譜　2.堅果類　　427.16　　110017700

攝影協力

「cotta」…新鮮杏仁果、新鮮核桃、帶有薄皮的榛果等材料、焦糖顏色的橡皮刮刀、葉片模型、鋸齒狀尾巴的松鼠模型、14cm的方型模、馬芬模等
「ギャラリーグレース GALLERY GRACE」

＊封面畫有松鼠的箱子是 CHAVEGRAND 社
(http://WWW.chavegrand.com)的起司盒。

設計　　高橋朱里、菅谷真理子（マルサンカク）
攝影　　日置武晴
造型　　こてらみや
校正　　山脇節子
　　　　田中美穂
編輯　　水奈
　　　　浅井香織 (文化出版局)